E. JOURDEUIL

LA PÊCHE
DU DIMANCHE

« Le sage pèche sept fois par jour. »

DIJON
IMPRIMERIE J. MARCHAND
12, RUE BASSANO, 12
1873

LA
PÊCHE DU DIMANCHE

E. JOURDEUIL

LA PÊCHE

DU DIMANCHE

« Le sage pèche sept fois par jour. »

DIJON

IMPRIMERIE J. MARCHAND

12, RUE BASSANO, 12

1873

AVANT-PROPOS

Dieu, nous dit la Genèse, créa le monde en six jours; le soir du sixième, après avoir tiré d'une fausse côte d'Adam la première femme du monde, notre mère Eve, il s'arrêta ébloui devant son dernier chef-d'œuvre, et se reposa le septième.

Vous aussi, retenus, enchaînés pendant une longue semaine, au bureau, au comptoir ou à l'atelier, vous avez bien gagné le droit de vous reposer le septième, le jour du Seigneur (*dies Domini*), le dimanche. On prétend même qu'il en est beaucoup s'accordant le huitième en sus, par cette raison que créateurs eux-mêmes, bien que simples mortels, ils ont droit à un plus long repos.

Leur excuse est plus spécieuse que vraie, car l'homme copie, mais ne crée pas.

D'ailleurs, ce n'est pas pour eux que j'écris ces pages qu'ils ne comprendraient pas, mais pour ceux-là seulement sachant, avec raison, se contenter du repos du dimanche.

Avec quelle fiévreuse impatience vous l'attendez tous, vous et les vôtres, ce bienheureux jour de repos! C'est le moment où vous reprenez possession de vous-mêmes, où vous recouvrez votre indépendance, l'instant enfin où vous êtes libres.

Vous avez besoin de mouvement et d'espace; vos yeux fatigués cherchent des horizons verts, des arbres et des eaux.

Vous tenez à récompenser le travail à l'école de vos petits enfants; vous désirez les voir courir en jouant à vos côtés, respirant à pleine poitrine cet air pur des champs qui doit les fortifier.

Ne voulez-vous pas aussi procurer à leur mère le bonheur si rare, mais si vrai pour elle, de passer de longues heures entourée de tout ce qu'elle aime?

Eh bien! croyez-moi, prenez des lignes, emportez votre déjeuner, et allez faire un voyage de découvertes sur les bords de la rivière voisine, loin des bruits de la foule et des toilettes prétentieuses du dimanche!

Je ne vous garantis pas, malgré tous les bons avis renfermés dans ce petit livre, une ample récolte de poissons, mais je vous garantis, en revanche, que vous rapporterez un bon appétit au retour, un ou deux de vos enfants endormis dans vos bras, et le souvenir vivace d'une charmante excursion de famille.

Cela vaudra mieux pour vous et pour ceux que vous aurez laissés seuls à la maison comptant les heures, qu'une longue séance à l'estaminet, et la lecture de ces feuilles malsaines qui, malheureusement, ne tombent pas en automne.

Vous êtes presque tous de mon avis, n'est-ce pas? Cette imposante majorité me pénètre de joie, et je poursuivrais mon sujet si je ne me trouvais pas brusquement arrêté par les réclamations qui surgissent de tous côtés et m'accablent à la fois.

Mais, Monsieur l'auteur, me disent quelques opposants de cette minorité (vous devez savoir que les minorités répliquent toujours), nous n'aimons pas la pêche à la ligne : nous préférons employer notre dimanche à rendre des visites ou à nous promener avec nos épouses, nous faisant honneur de leurs fraîches toilettes et de leurs chevelures opulentes... elles nous coûtent assez cher pour cela.

D'ailleurs, on trouve des serpents en abondance sur le bord des rivières, les hannetons s'y donnent rendez-vous, sans parler des moustiques et des sauterelles, et souvent aussi on y est surpris par des orages imprévus, etc., etc.

D'autres opposants de la même minorité (je viens de vous faire observer qu'elles répliquaient, les minorités) me tiendront un discours plus sérieux : nous préférons, me diront-ils, à une promenade sans utilité, à une distraction, ridicule à nos yeux, la lecture attrayante et morale du *Mariage d'un Forçat*, par exemple, ou bien les *Mémoires d'une Pétroleuse*.

Nous voulons aussi, par des études sérieuses et des conversations graves, nous pénétrer de nos droits, et faire ainsi notre éducation politique (je reconnais, en effet, que vous en avez besoin).

Voici ce que je répondrai à cette minorité

réclamante : Vous êtes libres, et je déclare n'avoir jamais eu l'intention de vous envoyer pendant vingt-six dimanches de suite, sans compter les fêtes carillonnées, pêcher des poissons à la ligne, si cette distraction honnête vous déplaît, d'autant plus que lesdits poissons deviennent trop rares, pour que j'aie la bonhomie de m'épuiser à vous indiquer, malgré vous, la manière de les prendre ; j'aime autant les conserver pour moi-même.

Je vous ai conseillé des excursions de famille sur les bords de la rivière, parce que ces bords sont habituellement pittoresques, et garnis d'ombrages sous lesquels, en été, règne une agréable fraîcheur. Je vous ai proposé la pêche à la ligne, comme un prétexte, et une canne à pêche à tenir au lieu d'un parapluie. Voilà tout.

Mais si vous préférez jouir des toilettes et des magnifiques chevelures de vos épouses, au milieu des bienfaits d'une civilisation des plus avancées, loin des hannetons, des sauterelles et des orages, ou mieux encore vous livrer à des lectures morales et sérieuses, en compulsant tous vos droits (je ne parle pas de vos devoirs) et commencer votre éducation politique, je ne m'y oppose nullement.

Je vous proposais la pêche à la ligne, parce que c'est un plaisir pur et spirituel, donnant de l'appétit; vous voulez absolument pêcher de toute autre manière, cela vous regarde, vous êtes libres, je vous le répète encore (peut-être finirez-vous par le croire).

D'ailleurs, le sage péchant sept fois par jour, vous fournit une excuse magnifique, dont vous pouvez user largement.

Mais je crois devoir vous prévenir que votre excuse deviendrait déplorable le jour où vous seriez les sages vous-mêmes!

Et cela pourrait bien être, car on l'a déjà dit avant moi, ce sont les fous qui sont les sages, et les sages qui sont les fous!

E. J.

Beire-le-Chatel, 1er juin 1872.

LA PÊCHE DU DIMANCHE

CHAPITRE PREMIER

DES USTENSILES DE PÊCHE

§ 1er — *Cannes à pêche.*

On fabrique les cannes à pêche, en frêne, en hickory ou noyer blanc d'Amérique, en roseau de Provence (*arundo donax*) ou en roseau des Indes, en bambous d'Amérique et de la Chine, en bois, creux ou plein, de sapin, d'érable, de coudrier, orme, etc.

Les unes se démontent en deux ou trois morceaux, les autres en ont jusqu'à douze se vissant les uns sur les autres, et pouvant au besoin se mettre dans la poche comme un étui à cigares.

Tous les visiteurs de l'Exposition universelle de Paris en 1867 ont pu remarquer des vitrines renfermant une splendide collection de cannes à pêche, fabriquées en bois précieux, et garnies aux viroles d'anneaux de métal et d'incrustations, chefs-d'œuvre des tourneurs et de la ciselure : cette collection venait d'Angleterre, le véritable pays de la pêche à la ligne, et le seul peut-être où cet art difficile ne soit pas tourné en ridicule, sans doute parce qu'il est l'objet d'un commerce des plus considérables.

Dans cet arsenal si varié, vous pouvez choisir selon vos goûts et l'ampleur de votre bourse.

Mais vous agiriez sagement en décidant de suite ce que vous avez l'intention de faire, et en me disant si vous voulez pêcher sérieusement ou vous promener au bord de la rivière, car au lieu de vous indiquer la canne à pêche dont vous devez vous munir, je vous conseillerais de préférence la canne-parapluie ou la canne-fauteuil.

J'aime mieux supposer chez vous un désir ardent et tenace de faire la guerre aux poissons, de vous munir de bons ustensiles et de vous équiper convenablement à des prix modérés.

Procurez-vous alors un roseau de Provence (*arundo donax*) de quatre à cinq mètres de longueur, sans fentes ni gerçures si cela est possible; prenez de la tresse de toile ou de soie, noire ou grise (elle serait blanche que ce serait absolument la même chose) et après l'avoir enduite de colle forte, enroulez-la autour du roseau.

Vous passerez ensuite sur le tout une épaisse couche de minium à l'huile, et après la dessiccation, vous vernirez la canne avec du vernis noir siccatif.

A l'extrémité du roseau vous placerez un scion ou vergeron en coudrier ou en frêne, suivant que vous désirez pêcher de fond ou à la volée, et vous le consoliderez avec une forte ligature en fil poissé sur le roseau.

Vous aurez alors, moyennant huit ou dix francs, une canne excellente pour toutes les pêches, longue et forte, flexible et légère à la fois, et pouvant impunément braver la pluie ou le soleil.

Cette canne rubannée, inventée par M. Ch. de Massas, est selon moi la meilleure de toutes, mais vous pourrez vous procurer également à bon marché des cannes en bois légers, creux ou pleins, et obtenir de bons résultats.

Vous ferez bien de garnir cette canne de petits anneaux mobiles destinés au passage de la ligne enroulée sur le moulinet, petit tourniquet ou bobine en cuivre dont l'usage est indispensable.

Cet ustensile est très avantageux en tout temps pour allonger ou raccourcir rapidement la ligne, et surtout pour s'emparer du poisson dans les courants, et partout ailleurs lorsqu'il est de forte taille.

En laissant fuir le poisson accroché aux 50 ou 60 mètres de ligne enroulés sur le moulinet, et en le ramenant à soi, on paralyse sa résistance et on finit par le conduire épuisé jusque dans le panier de pêche, sans lui déchirer la bouche, et surtout sans courir le risque de casser la ligne ou la canne. Le moulinet se fixe sur la canne au moyen de deux larges anneaux de caoutchouc mobiles. Il me semble inutile de vous faire observer que cet instrument n'est pas nécessaire pour la pêche aux goujons.

Quant aux anneaux mobiles destinés au passage de la ligne le long de la canne, on les met à $0^{m}40$ les uns des autres, depuis le moulinet jusqu'à l'extrémité du scion, sous une petite bande de cuivre destinée à leur servir de charnière, et prise sous des ligatures de fil poissé faites de chaque côté de l'anneau.

On placera à l'extrémité du scion ou vergeron un anneau en fil de laiton tressé double, et muni de tiges assez longues pour le maintenir solidement.

On fixera enfin à la base de la canne une pointe en fer de 4 à 6 centimètres de longueur; cette pointe est utile pour planter la canne en terre, et conserver le libre usage de ses deux mains, soit pour amorcer, soit pour s'emparer du poisson accroché à l'hameçon : mais je ne saurais trop recommander aux pêcheurs de ne jamais se laisser aller dans un moment de découragement, à imiter la fin tragique du célèbre cuisinier Vatel, s'embrochant de son épée, parce que la marée attendue n'arrivait pas, et à ne pas s'enferrer eux-mêmes sur la pointe de leur canne!

Votre canne est donc achevée, et, à mon

avis, il n'y manque plus rien. Pardon, je me trompe, il paraît qu'il y manque encore bien des choses, car voilà les réclamations et les objections qui commencent à pleuvoir.

Mais, me dit-on (car il y a toujours des mais), votre canne rubannée me conviendrait assez, seulement elle n'est pas d'un transport facile et agréable dans les rues, en outre, je ne puis pas la faire tenir dans mon logement, et encore moins la faire voyager dans une voiture, ou la mettre dans ma malle, etc. Ces objections sont fondées, je le reconnais : il est certainement très désagréable de traverser une ville aussi sérieuse que la vôtre, avec une longue canne sur l'épaule, exposé aux rencontres et aux réflexions de toute nature; je conviens avec vous qu'il est difficile de la mettre dans votre logement, dans une malle ou une voiture, mais je vous ferai remarquer à propos des voyages que, s'ils forment la jeunesse, ce qui ne me paraît pas très certain, ils déforment aussi les cannes à pêche : cette réflexion formulée, j'ajouterai que rien dans ce bas monde n'est parfait, pas même le chien (je ne dis rien de l'homme, et pour cause), et qu'un pêcheur doit braver le respect humain et posséder le courage de son opinion.

Cependant (voyez combien je suis indulgent pour vos faiblesses!) si votre timidité naturelle ne vous permet pas, malgré les plus nobles efforts, de braver, comme je vous y engage, l'opinion de la foule et autres petits inconvénients, je vais vous indiquer trois moyens infaillibles pour sauver la situation.

Le premier de ces moyens consiste à profiter de l'ombre et du mystère d'une nuit profonde, et à transporter en silence votre canne et tout votre attirail de pêche dans un local hospitalier choisi à l'avance, à proximité de la rivière.

Le second se réduirait à acheter, au prix de 15 à 25 fr., chez MM. Rousseau et de Loonen, rue de Bondy, 58, à Paris, une canne rubannée se démontant en plusieurs morceaux, dite canne de Ch. de Massas, leur inventeur, et pouvant à la rigueur, dans son fourreau de cuir verni, passer pour un respectable parapluie de famille.

Le troisième et dernier moyen consisterait à acheter, au prix de 40 à 500 fr. et plus, une de ces fameuses cannes anglaises, se démontant en douze ou quinze morceaux, et pouvant tenir à l'aise dans la poche de l'habit. En employant les uns ou les autres de ces procédés, les apparences seraient sauvegardées, et vous pourriez vous rendre sur le terrain de pêche en tenue sérieuse, et même avec un habit noir et une cravate blanche.

C'est à vous de choisir, mais si j'avais le droit de vous donner un conseil, ce dont je me garderais avec soin, dans la certitude de votre empressement à ne pas le suivre, je vous engagerais à adopter le dernier : tout naturellement alors vous donneriez aussitôt votre préférence au premier ou au second, et vous feriez bien, mais je n'ai pas le droit de vous conseiller, et j'en suis fort aise; je me contente de vous indiquer mon opinion, d'essayer de vous faire profiter de mon expérience personnelle et de celle des autres, je vous laisse donc l'exercice de votre liberté pleine et entière, pour avoir droit à la mienne.

Je me permettrai seulement de vous faire remarquer, en passant, combien je fais d'efforts pour vous munir de bonnes armes à bon marché, suffisantes pour toutes les pêches, alors que je pourrais vous exhorter, comme beaucoup de traités et de manuels de pêche le font, à acheter un arsenal aussi varié que complet, de cannes pour la pêche de chaque espèce de poisson. Ainsi j'aurais pu vous engager à acheter quatre cannes, au lieu de n'en fabriquer qu'une seule de vos mains :

1° Une canne pour la pêche des petits poissons, canne en trois morceaux, fabriquée en roseau de provence, d'une longueur de 3 mètres à 3 mètres 25.

2° Une canne pour les poissons de moyenne taille, en bambou d'Amérique, composée de quatre morceaux, d'une longueur de 5 mètres à 5 mètres 25.

3° Une canne en bambou ou en noyer blanc d'Amérique, en cinq morceaux de la même longueur que la précédente, destinée à la pêche de la carpe, du brochet et des gros poissons.

4° Une canne pour pêcher à la volée ou à la mouche artificielle, faite également en cinq morceaux, avec du bambou ou du roseau des Indes.

N'ayant aucun intérêt à faire de la réclame en faveur des marchands d'ustensiles, et ne voulant pas abuser de votre crédulité, je vous ai dit la vérité vraie tout simplement. Puisse sa nudité absolue ne pas vous épouvanter! vous y êtes si peu habitués.

Nous allons passer maintenant aux lignes et à leur fabrication : ce sera l'objet du paragraphe 2.

§ 2. — *Des lignes et de leur fabrication.*

La ligne est le fil ou le trait d'union entre les deux... (pardon, je pensais à la définition si connue) entre la canne et l'hameçon. Elle se fait en crins blancs, en soie, en fil d'agave ou en crins de Florence.

D'après les traités de pêche, la force et la longueur de la ligne devraient varier avec l'espèce des poissons dont on veut s'emparer et d'après le genre de pêche pratiqué.

Ainsi les lignes pour petits poissons devraient être en crins, en soie pour les poissons moyens, ou en crins de Florence, et, pour les gros poissons, en crins et soie mélangés et légèrement tordus ensemble : ce mélange heureux de crin et de soie produit la fameuse ligne dite *queue de rat,* le *nec plus ultra* des lignes, d'après les marchands bien entendu. Si votre intention, comme je le suppose, n'est pas de vous munir d'une collection de lignes, mais de vous procurer, au meilleur marché possible, ce qu'il y a de meilleur, ce qui paraît impossible au premier abord, à cause de l'incompatibilité de ces deux mots : parfait et bon marché, je vais tâcher de réaliser votre désir, en vous indiquant le moyen de fabriquer vous-même à bon marché, une seule et unique ligne, pouvant servir à la pêche de tous les poissons et à tous les modes de pêche.

Entrez tranquillement dans un magasin de mercerie et demandez d'un air calme, doux et paisible (c'est la tenue de rigueur en mercerie), une petite bobine de cordonnet de soie, de grosseur moyenne, ayant de 50 à 60 mètres de longueur, dont le prix variera de 35 à 40 centimes le gros, suivant la grosseur de la soie. Trois gros vous suffiront.

Pénétrez ensuite hardiment chez un marchand de couleurs et demandez d'un air assuré (car on n'est pas modeste en peinture) un petit flacon de couleur verte à l'huile siccative.

Vous tendrez votre cordonnet de toute sa longueur d'un arbre à un mur, ou d'un mur à un arbre, et après avoir versé un peu de couleur dans un morceau de drap épais ou de peau, vous l'enduirez avec soin d'une première couche; aussitôt que cette première couche sera sèche, vous en donnerez une seconde, et, après avoir laissé votre cordonnet au soleil pendant quelques heures, vous l'enroulerez avec précaution sur le moulinet.

Vous aurez alors, pour la modique somme de 3 à 4 fr. tout au plus, une ligne excellente et inusable, supérieure même à la fameuse ligne en *queue de rat,* pouvant vous servir à toutes les pêches, et la meilleure de toutes sans exception pour le lancer de la mouche et les pêches à la volée ou de surface.

---

§ 3. — *Bas de ligne.*

Les bas de ligne se font en crins de Florence ou boyaux de vers à soie : ils relient la ligne à l'hameçon.

On obtient ce crin, dit de Florence, en faisant macérer dans du vinaigre les vers à soie les plus gros et les plus transparents, au moment où ils sont prêts à monter pour filer leurs cocons; on extrait ensuite de leur corps la glande renfermant la substance transformée en soie par le ver, et on l'allonge avec précaution jusqu'à la longueur de 35 à 40 centimètres, en tâchant d'obtenir un fil rond et égal.

Ce fil, disent les manuels, surpasse la force de douze crins ordinaires; je n'en sais rien, mais cela est possible et je le crois : c'est ainsi que l'on doit croire, et la foi doit augmenter en raison directe de la difficulté et de l'impossibilité absolue de comprendre.

Pour fabriquer soi-même de bons bas de ligne, car je continue à supposer en vous le désir de fabriquer vous-même le plus possible, par deux raisons bien naturelles, la première, non, c'est la seconde, parce que cela coûte meilleur marché, et la première, par cette raison que le poisson pris par un appât ou un engin créé par vos mains, est beaucoup plus gros, plus beau et plus tendre que les autres.

Donc, pour posséder de bons bas de ligne, il faut d'abord choisir ceux qui sont les plus gros et les plus ronds, et laisser de côté ceux de teinte jaunâtre.

Après les avoir fait tremper dans l'eau pendant une grande heure, ce qui les rend flexibles et les empêche de casser, vous mettrez de côté d'abord les plus gros, puis les moyens et enfin les petits; vous tresserez ensemble deux ou trois des plus gros, puis deux ou trois des moyens, et deux ou trois des plus petits. Vous réunirez le tout l'un à l'autre par des nœuds doubles, en commençant d'abord par les plus gros, et vous terminerez le bas de ligne en ajoutant à son extrémité la plus fine un seul crin de Florence, bien choisi, appelé empile et destiné à recevoir l'hameçon. L'autre extrémité du bas de ligne, celle composée des crins les plus gros, sera attachée à la ligne.

Un bas de ligne, dans la pêche ordinaire de fond ou au coup, ne doit pas avoir plus de 1 mètre de longueur, excepté lorsque les eaux sont très limpides.

A la pêche à la volée ou pêche à la mouche, le bas de ligne pourra avoir de 1 mètre 50 à 2 mètres et recevoir deux ou trois mouches, attachées à 50 centimètres les unes des autres par des empiles très courtes, sur le bas de ligne.

Du reste, il vous sera facile d'avoir, dans votre trousse ou porte-feuille, quelques bas de ligne de différentes longueurs et grosseurs : ils n'y tiendront pas beaucoup de place. Vous les fabriquerez un jour de pluie, cela vous occupera.

En Angleterre, on teint généralement les crins de Florence en noir ; je ne sais pas pour quel motif, mais il doit être sérieux, je n'en doute pas, car les Anglais ne font jamais rien à la légère. Seulement comme le crin de Florence, avec sa couleur naturelle, devient invisible dans l'eau, ce qui est une supériorité incontestée, je me demande pour quelle raison les Anglais s'efforcent, eux, de le rendre visible en le teignant?

Cette raison doit être grave, comme je vous le disais, et je m'efforcerai de la découvrir : si j'y parviens un jour, je m'engage à vous en faire part dans la seconde édition de ce livre, si la première s'épuise, ce que je souhaite à mon courageux éditeur.

§ 4. — *Des hameçons.*

Les meilleurs hameçons sont les hameçons Irlandais, de Limerick. Ils sont avec ou sans palettes, ou avec anneaux. Leur grosseur est indiquée par les numéros qu'ils portent dans le commerce, absolument comme pour les plombs de chasse, depuis 000 à 10 et 12. Je crois devoir vous faire remarquer à cet égard que les pêcheurs, de même que les chasseurs, ont presque toujours le défaut de choisir des hameçons ou des plombs trop gros.

Les plombs et les hameçons moyens sont les plus dangereux pour le gibier et le poisson.

L'action d'attacher un hameçon au crin de

Florence s'appelle empiler, et le crin se nomme empile. On pose le long de la branche de l'hameçon, et non de la pointe, quand cette branche est à palette, c'est-à-dire avec un aplatissement à l'extrémité, le bout du crin plié en deux et formant la boucle, puis, avec le bout le moins long, on fait, en commençant par le haut, plusieurs tours serrés régulièrement l'un contre l'autre jusqu'à ce qu'on soit parvenu près de la boucle; on passe alors dans cette boucle le reste du crin, puis, en tirant avec force l'autre extrémité, on fait remonter sous les tours le petit bout du crin.

Lorsque la branche de l'hameçon est sans palette et se termine en diminuant de grosseur, on opère autrement. On prend l'hameçon entre le premier doigt et le pouce de la main gauche, le dard en dessus, en mettant l'empile du même côté; on plie l'empile en deux de la longueur de l'hameçon, puis, avec de la soie fine poissée, on commence la ligature après avoir arrêté le petit bout sur le pouce, en montant deux ou trois tours : on enjambe sur les tours déjà faits, et on continue la ligature en descendant et serrant modérément jusqu'à la moitié de la queue; on ouvre la boucle que fait l'empile sur l'hameçon, et on passe devant le bout de la soie qui a tourné ; alors tirant fortement, mais avec précaution, sur l'empile en tenant l'hameçon ferme, la boucle glisse, rejoint la ligature, et tout est arrêté ; on termine en coupant le bout de la soie au ras de l'hameçon.

Quand il existe un anneau dans l'hameçon, on y passe deux fois l'empile et on y fait un nœud, ou bien on attache le petit bout de l'empile qui entoure deux fois l'anneau contre le grand bout, au moyen de plusieurs tours de soie poissée.

Je ne sais pas si vous comprenez très bien ces différentes définitions ; pour moi, je déclare que cela n'est pas très clair à première vue, et qu'il faut du temps pour arriver à une compréhension très complète : ayez donc de la patience et prenez tout le temps nécessaire. Ces explications, si peu claires pour vous, sont encore plus arides pour moi qui les écris ; aussi, lorsqu'elles sont terminées, je respire à pleins poumons. Heureusement que vous ne m'entendez pas, cela nuirait à l'effet que je dois produire.

Avant de terminer ce chapitre, je crois devoir indiquer les numéros des hameçons convenables pour chaque espèce de poisson et suivant leur taille.

ESPÈCES DE POISSONS	Nos des HAMEÇONS
Carpe	3 à 6
Barbeau	3 à 6
Tanche	4 à 7
Brème	5 à 7
Gardon	8 à 10
Goujon	10 à 12
Véron	10 à 12
Perche	4 à 7
Perche goujonnière	6 à 8
Anguille	3 à 5
Alose	4 à 6
Lotte	4 à 7
Eperlan	8 à 10
Loche	10 à 12
Saumon	00 à 3
Truite	3 à 10
Ombre	7 à 10
Brochet	00 à 4
Chevenne	4 à 7
Vandoise	8 à 12
Ablette	11 à 12

2

§ 5. — *Plombs, flottes ou bouchons, ustensiles divers.*

Pour qu'un corps léger descende au fond de l'eau, on doit lui donner le poids nécessaire. Cette observation profonde des lois de la pesanteur a fait inventer les plombs de la ligne. On prend donc des plombs de chasse des numéros 3 à 6 fendus à moitié, et on les place le premier à 10 centimètres de l'hameçon, et les autres, si besoin est et si le courant est rapide, à 10 centimètres plus haut.

Le plomb laminé présente aussi des avantages : outre son emploi sur l'empile comme le plomb fendu, on l'utilise encore pour en faire des plombées ou petits cylindres de plomb enroulés autour de l'empile, et destinés à maintenir l'hameçon en place dans les courants violents et les gouffres.

La plombée se met à 35 centimètres de l'hameçon.

Quant aux flottes ou bouchons, indispensables d'après les manuels pour soutenir la ligne sur l'eau, maintenir l'hameçon à la distance convenable du fond, et faire connaître les attaques du poisson, ce sont des ustensiles inutiles et embarrassants à mon avis dans presque toutes les pêches, sauf à celle du brochet ou de la truite, où l'on doit maintenir entre deux eaux le poisson vivant servant d'appât.

La meilleure de toutes les flottes est la main du pêcheur, c'est elle qui doit lui faire connaître la profondeur de l'eau, les attaques du poisson, le choc de l'hameçon contre les pierres ou les herbes; c'est elle qui doit lui indiquer le moment de ferrer le poisson.

C'est une étude à faire sans doute, mais elle n'est pas longue avec un peu d'attention. Laissons donc la collection originale et variée de ces petits instruments dans les vitrines, à côté de tous les engins inutiles et coûteux, vantés par les marchands. Les amputés du bras ou de la main, privés ainsi du sens du toucher auront seuls le droit d'en user largement : ne leur envions pas cette faveur, si c'en est une ; ils la paient assez cher.

Pour compléter votre attirail, il vous faudrait encore, toujours au dire des manuels, une épuisette ou petit filet pour tirer le poisson accroché à l'hameçon, des anneaux à décrocher l'hameçon, des sondes, des grappins, un dégorgeoir, une aiguille à amorcer, etc.

Contentez-vous comme je crois déjà vous l'avoir dit, de vous munir des objets suivants : d'une boîte à vers et à vérons, d'un portefeuille garni dans ses compartiments de bas de ligne et d'hameçons de différents numéros tout empilés, de plombs fendus, et de soie poissée, joignez-y si vous voulez quelques mouches artificielles, un petit canif et une pierre plate à aiguiser la pointe des hameçons; jetez sur votre épaule un panier d'osier tressé ou une carnassière, et votre attirail de pêcheur sera aussi complet que possible.

Il ne vous manquera plus rien alors que de l'adresse, du sang-froid, de la patience, et de la chance... c'est déjà bien assez !

N'oubliez ni votre pipe, ni votre tabatière et jamais votre mouchoir, car votre journée serait incomplète.

Si vous désirez faire mieux, écoutez parler un professeur de pêche, homme d'esprit et surtout négociant, M. Kretz aîné, de défunte mémoire : « Le pêcheur à la ligne doit être « muni de cannes à pêche nécessaires pour

« la pêche de fond, celle de la carpe et du « brochet et pour la pêche à la mouche : il « doit avoir des lignes en crin, en soie, en « crin et soie, en boyaux de vers à soie de « différentes longueurs et grosseurs, des « flottes et bouchons de diverses dimensions « en raison de la profondeur des eaux où il « pêche ; des hameçons de différents numéros, « simples et doubles, empilés sur crin, soie, « boyaux de ver à soie, cordons de guitare : « il faut aussi qu'il ait dans sa trousse un as- « sortiment d'émérillons.

« Le pêcheur doit encore se munir de mou- « linets propres à contenir ses lignes qui doi- « vent porter de 30 à 50 mètres pour la pêche « de la carpe, du brochet, de la truite et « du saumon : il faut qu'il ait une sonde « garnie de liége pour prendre la profondeur « de l'eau, une aiguille à amorcer, un anneau « en cuivre pour décrocher sa ligne quand « elle est prise dans les herbes : une épuisette « pour saisir le poisson qui a mordu et un « filet pour le conserver vivant tout le temps « que le pêcheur tient sa ligne : un panier « enfin qui se porte sur le dos au moyen d'une « courroie doit compléter son équipage : le

« pêcheur ne doit pas surtout oublier de se « munir de lignes et ustensiles de rechange « en cas de besoin. »

Voilà, d'après M. Kretz aîné, l'attirail nécessaire au pêcheur, et il oublie encore le portefeuille avec les mouches et insectes de toute couleur pour toutes les saisons et les heures, et celles pour la carpe qui n'y mord jamais... et surtout le point le plus important à mes yeux... une voiture ou un âne pour porter le tout.

Quant au prix de cet arsenal je n'ose pas y songer en ces temps d'économie et d'épreuves, mais je ne sais pas si avec un ou deux billets de mille francs, on pourrait s'en rendre acquéreur... en payant comptant !

Je continue à vous engager à choisir.

CHAPITRE II

PÊCHE A LA LIGNE

POISSONS DE FOND, LEUR PÊCHE

Vous êtes maintenant armé et équipé convenablement : mais avant que d'entrer en campagne, nous allons passer en revue successivement tous les poissons de nos cours d'eau, apprendre à connaître leurs habitudes, les amorces qui leur conviennent, et les temps favorables pour les pêcher.

Pour vous offrir une œuvre complète je serai obligé de pêcher à la plume de tous les côtés sans parler de mon propre fond, car je n'ai pas pour la pêche de la plupart de ces poissons et la connaissance parfaite de leur histoire, des dispositions bien marquées, et un attrait irrésistible ne m'entraîne pas vers eux; cependant et faute de grives, comme dit le proverbe, il faut bien manger des merles; (en Corse c'est le contraire qui arrive, les merles valent mieux que les grives!)

Ainsi ne vous scandalisez pas si vous retrouvez dans ces pages des emprunts faits aux manuels, traités et ouvrages de pêche. J'aurai soin de les souligner je veux bien être geai, mais non pas me parer des plumes du paon : j'ai la bonhomie de préférer les miennes : j'y suis habitué depuis trop longtemps hélas! Nous diviserons les habitants des eaux en deux catégories : *les poissons de fond*, c'est-à-dire ceux qui ne se prennent habituellement qu'au fond, à la ligne plombée et au coup, et les *poissons de surface*, ou poissons se tenant habituellement entre deux eaux ou à la surface et ne se prenant qu'au poisson vif ou mort, à la pêche à la volée et aux mouches artificielles.

La truite, le brochet, le gardon, le chevenne et la perche, feront sans doute exception à la règle, car ils sont en même temps poissons de fonds et de surface, mais ils la confirmeront, puisqu'il n'est pas de règles sans exceptions.

Cette division est toute de fantaisie, et n'a pas la moindre prétention scientifique, mais elle m'a paru avantageuse pour la description détaillée de chaque espèce de poisson, de ses habitudes spéciales et de ses différents modes de pêche.

Après ce préambule indispensable j'entre en matière, et commence ma division.

Les poissons de fond sont dans le genre des cyprins, la carpe, le barbeau, la tanche, la brême, le gardon, le goujon, le véron, la bouvière, et dans les autres genres, la perche, la perche goujonnière, l'anguille, l'alose, la lotte, la lamproie, l'éperlan, la loche, le chabot et l'épinoche.

§ 1er. — *La Carpe* (CYPRINUS CARPO).

La carpe jouit d'une réputation de bêtise et de naïveté complètes : on dit bête comme une carpe, etc.

Cette réputation n'est pas fondée ; la carpe, au contraire, est un poisson très rusé et très défiant, excessivement vigoureux, et dont la pêche offre beaucoup de difficultés et demande de grandes précautions; on peut en prendre indéfiniment sans crainte de voir diminuer l'espèce, car elle se multiplie énormément, disent les traités de pêche. Mais on n'en prend jamais à la ligne que d'une façon très modérée et dans certaines rivières. On n'en prend pas du tout la journée : sans les filets de toute nature, tendus de jour et de nuit, et surtout sans l'aide des brochets, l'heureuse fécondité de ce poisson donnerait des résultats effrayants.

Ainsi l'ovaire d'une carpe de 45 centimètres de longueur peut contenir 342,144 œufs, d'après le savant Malthus, qui, à ce qu'il paraît, a eu la patience de les compter.

La carpe a la vie très dure, et on pourrait dire d'elle qu'elle est amphibie, car elle peut rester très longtemps hors de son élément, à la condition que sa respiration ne sera pas gênée par les mucosités qui obstruent ses branchies lorsqu'elle est hors de l'eau.

Les organes destinés à la respiration sont très compliqués chez ce poisson. Le nombre des parties dont ces organes se composent et qui concourent toutes au même but, est de 17,400 en os, muscles, nerfs, artères, veines et vaisseaux! (*Traité de la Pêche*, par MM. René et Liénel.)

D'après M. Kretz aîné, la carpe ne peut frayer que dans des eaux tranquilles : ainsi, au moment du frai qui commence en mai, les carpes quittent les eaux courantes et cherchent une demeure paisible dans les eaux calmes; si, dans ce voyage, elles rencontrent un obstacle, tel qu'un barrage ou une grille, elles cherchent à le franchir, et, se courbant en arc sur la surface de l'eau qui leur sert de point d'appui, elles se détendent brusquement comme un ressort et s'élancent par-dessus l'obstacle.

Je laisse à M. Kretz aîné la responsabilité de son assertion : elle peut être vraie; mais M. Kretz avait beaucoup d'esprit, et, en outre, il était bon pêcheur et habile marchand, et cela donne à penser énormément.

Pour pêcher la carpe, on doit mettre le moulinet et le scion en troëne, placer au bas de ligne, suivant le poids probable du poisson, un hameçon des n°s 3 à 6, monté sur une bonne empile, et y ajouter quelques plombs suivant la profondeur de l'eau et la force du courant.

La carpe mord bien aux appâts depuis février jusqu'en mai, époque où elle fraie; de juin en septembre, elle mord peu dans la journée, excepté après une petite pluie ou une crue d'eau, mais le matin et le soir sont les meilleurs moments pour sa pêche.

Les appâts préférés de la carpe sont les vers ordinaires ou lombrics à tête noire, les vers rouges de fumier, le blé cuit, la fève cuite, le maïs cuit dans du lait et du miel, les boulettes de mie de pain pétries avec du miel, et des pâtes préparées avec des pommes de terre et du fromage de Gruyère, etc. Nous en décrirons plus tard la préparation classique.

On recommande généralement d'amorcer la veille des jours de pêche, en jetant dans l'eau des amorces de fond composées de boulettes de terre glaise mélangée de vers, ou de boulettes de pâte préparée.

Le poisson, attiré par ce festin savoureux, restera encore le lendemain matin aux environs des amorces, occupé à en rechercher les débris, et il sera plus facile de le prendre.

La carpe attaque mollement l'amorce; elle hésite longtemps avant de tirer, puis elle l'entraîne doucement; on ne doit donc pas se hâter de ferrer ou de piquer, ce qui se fait d'un mouvement du poignet et non de l'épaule.

Dans le Rhin, le Doubs, la Saône, on prend de très grosses carpes, dont le poids atteint parfois jusqu'à 8 ou 10 kilog. : elles sont d'un goût exquis dans ces rivières; les mâles, que l'on nomme carpeaux, sont les plus estimés, et leur chair ferme et savoureuse a souvent une teinte saumonée, comme la chair du saumon et de la truite.

Dans les étangs et certains cours d'eau à fonds de vase, la carpe prend le goût de boue, et le meilleur moyen de lui enlever ce parfum désagréable, est de la mettre dégorger pendant une huitaine de jours dans une eau fraîche et courante, ou bien de lui faire avaler un peu de vinaigre.

Malgré l'opinion des manuels et autres traités de pêche, la carpe ne mange jamais ni mouches ni insectes; lorsqu'elle bondit pendant l'été à la surface des eaux, en se livrant à des sauts de carpe, ce n'est pas dans le but de happer des insectes au vol, comme on l'a pu croire; cette gymnastique aérienne est un rafraîchissement qu'elle se procure : elle prend un bain d'air, de même que nous prenons, nous, des bains froids, avec cette seule différence toute en sa faveur, c'est qu'elle sait nager et n'a pas la crainte de se noyer. Tous les pêcheurs ne pourraient pas en dire autant.

Vous êtes donc bien prévenu : n'achetez jamais, sous aucun prétexte, des mouches artificielles pour la carpe, pas plus que les fameuses fèves purgatives inventées par M. Kretz.

Voici l'histoire de ces fèves.

On était en plein été, les eaux étaient basses, et les carpes ne mordaient plus ni dans la Seine ni dans la Marne. Les pêcheurs à la ligne étaient désolés, consternés, ne pêchaient pas, et n'achetaient plus un seul engin, pas un hameçon, pas une mouche !

On tint conseil, et une députation sérieuse fut envoyée à M. Kretz, pour le consulter sur ce déplorable état de choses. L'illustre praticien, après avoir longtemps discuté, examiné, et mûrement réfléchi, déclara que si les carpes ne mordaient plus, pas même à la fameuse mouche, c'est que sans doute elles n'avaient plus faim, et qu'il fallait réveiller leur appétit par des amorces..... purgatives; il fabriqua, quelques jours après, des fèves purgatives pour jeter à l'eau pendant plusieurs jours, la veille des pêches. Il en fabriqua énormément, et les vendit fort cher naturellement.

L'histoire ne dit pas si les carpes furent purgées et mordirent bien aux appâts, mais la farce était jouée, et je reconnais qu'elle était très spirituelle. Pourquoi les pêcheurs sont-ils si naïfs?

Dès que la carpe est prise à l'hameçon, on ne doit pas se presser de s'en emparer, il faut lui donner de la ligne, la ramener doucement, en l'éloignant des herbes, où elle s'efforce de pénétrer pour se débarrasser de la ligne et la rompre. Ne pas oublier que ce poisson, qualifié de naïf, pour ne pas dire plus, est aussi rusé que vigoureux.

§ 2. — *Le barbeau* (CYPRINUS BARBUS).

Le barbeau est un poisson remarquable par les quatre barbillons dont il est orné, deux de chaque côté de la lèvre supérieure, et les deux autres au coin des lèvres, son corps est plus allongé que celui de la carpe, ses écailles, moins larges, sont brillantes, nacrées, et nuancées de couleurs olivâtres sur le dos et bleuâtres sur le côté.

La nageoire dorsale tire sur le blanc, les autres ont une teinte rougeâtre : le barbeau, comme la carpe, à la vie très dure, et ne meurt pas en restant pendant quatre ou cinq heures hors de l'eau.

Il redoute les grands froids et abonde dans les contrées méridionales : recherchant les rivières aux courants rapides garnis de grosses pierres, il se blottit sous les roches, les racines d'arbres et dans les sous-rives.

Sa vie doit être longue, car il ne fraie que dans sa quatrième ou cinquième année; sa taille moyenne est de 35 centimètres à 60 centimètres de longeur, cependant il s'en trouve parfois de 1 mètre de long, et d'un poids de 9 à 10 kilog. Il dépose au printemps ses œufs sur des pierres. D'après certains auteurs ces œufs ont la réputation d'être aussi vénéneux que ceux du brochet : d'autres auteurs soutiennent au contraire qu'ils sont aussi inoffensifs les uns que les autres, ou du moins ne sont pas vénéneux à toutes les époques.

Le meilleur moyen de trancher la question dans l'intérêt de la science serait d'en manger de temps à autre, et de noter les résultats obtenus.

Pour la pêche du barbeau, on devra prendre les mêmes hameçons, bas de ligne et scion de troëne que pour la pêche de la carpe.

Au printemps et à l'automne, on amorcera avec des vers rouges, de la viande cuite, du fromage de Gruyère et des *vers de latrines!* (*Traité de la Pêche* de MM. René et Liénel). J'avoue pour mon compte que je trouve ce genre d'appât peu agréable à manier, et encore moins à chercher? Voyez si vous aurez plus de courage que moi? des vers de latrine!

Pendant l'été, il paraît (toujours d'après le même traité) qu'il faut garnir son hameçon avec deux asticots ou *vers de viande putréfiée* et amorcer la veille avec des pelottes de terre mêlées d'asticots et de *crottin de cheval.*

Ainsi pour réussir à la pêche du barbeau il faut mettre dans sa trousse ou au bout de son hameçon, des vers de latrine, des asticots, ou du crottin de cheval.

Combien je me trouve heureux de n'aimer que la pêche de la truite !

Ce poisson attaque l'amorce très vivement et la frappe de son museau avant que de l'avaler : on ressent deux coups lorsqu'il mord, et on doit ferrer aussitôt. Sa chair est, dit-on, très bonne à manger; je l'ai toujours trouvée sans saveur, mais maintenant surtout que je connais son genre de nourriture je m'en abstiendrai avec soin.

On prend aussi le barbeau avec des lignes tendues la nuit et amorcées avec les appâts indiqués précédemment. Cette pêche est très productive, mais elle est expressément défendue; je suis convaincu que vous ne vous y livrerez jamais, mais je suis obligé de le reconnaître, elle est très productive.

On emploie aussi les verveux, les nasses et l'épervier pour prendre ce poisson au filet.

Les jeunes barbeaux se nomment barbillons, ce sont eux qui, avec le goujon et l'ablette, forment le bagage ordinaire des pêcheurs de la Seine et de la Marne.

Il est bon de remarquer que ce poisson, de

même que tous ceux du genre cyprin, passe pour herbivore, mais comme tous les poissons de cette race sont généralement très friands de viande crue ou cuite et de proies vives ou mortes, ils me paraissent constituer plutôt le type omnivore que celui d'herbivore.

Seraient-ils carnassiers par esprit de contradiction? Je croirais plus volontiers que c'est par goût.

J'ajouterai encore que ces même poissons affectionnent singulièrement la bouche des égouts, le voisinage des boucheries et des hopitaux. Aussi j'admire le courage des pêcheurs de Paris s'escrimant avec des *asticots*, aux alentours des lieux en question, mais je suis pétrifié d'étonnement devant ceux qui osent manger ces poissons, et n'ai pas la moindre envie de les imiter.

§ 3. — *La tanche* (CYPRINUS TINCA).

La tanche, beaucoup plus petite que la carpe et d'un poids ordinaire de 500 grammes à 1 kilog., est remarquable par l'excessive petitesse de ses écailles recouvertes d'un enduit épais et visqueux.

La tête est grosse, le dos arqué et sa couleur plus ou moins foncée suivant la nature des eaux qu'elle habite, elle est en général d'un brun verdâtre, avec des reflets cuivrés : les nageoires sont très charnues et violettes.

Les tanches se trouvent dans presque tous les cours d'eau, mais elles préfèrent les rivières garnies d'herbe, et les fonds de boue; elles passent l'hiver comme la carpe, enfoncées dans la vase : au printemps elles déposent leurs œufs dans des endroits garnis d'herbes : ces œufs sont verdâtres et très petits : une femelle, d'après Block, célèbre icthyologiste, peut en pondre jusqu'à 297,000! Quelle patience pour les compter au microscope!

La chair de la tanche prise dans des eaux vives, ou dégorgée pendant huit jours au sortir d'un étang, est à mon avis supérieure à celle de la carpe ordinaire, surtout lorsqu'elle est apprêtée en friture.

Ce poisson se prend avec les mêmes lignes et les mêmes appâts que la carpe; il mord mieux le matin et le soir que dans le milieu du jour, excepté par les temps d'orage ou après une pluie chaude.

Pendant l'été on doit jeter la ligne dans les

endroits garnis d'herbes, et laisser traîner l'hameçon sur le fond, la tanche prend l'appât très doucement, et le promène longtemps avant que de l'avaler; on ne doit donc pas se hâter de piquer.

On se sert aussi de nasses, en amorçant avec du sang caillé mélangé de son : quel appât pour un poisson herbivore !

§ 4. — *La brème* (CYPRINUS BRAMA).

La brème est un poisson très large, à la forme ovale, commun dans les contrées du Nord, surtout en Norvége et habitant généralement presque tous les cours d'eau de l'Europe.

Ses écailles sont grandes, la tête bleuâtre, le dos arqué et noir, le ventre blanc, les nageoires sont violettes tachetées de noir : la ligne latérale est garnie d'une cinquantaine de points noirs; sa longueur habituelle varie de 50 à 60 centimètres et son poids de 2 à 3 kilog.; son frai a lieu au commencement du mois de mai : en ce moment elle quitte les fonds de vase, et les eaux dormantes, ses demeures habituelles, pour venir déposer ses œufs sur des fonds unis et garnis de plantes aquatiques qui les retiennent; ce poisson est doué d'une grande fécondité et on a compté 187,000 œufs dans l'ovaire d'une femelle.

La brème croît assez rapidement et se multiplie énormément dans un étang : sa chair est blanche et d'un bon goût, mais il faut avoir toujours le soin de la faire dégorger pour lui enlever son goût habituel de vase.

On prétend que ce poisson craint beaucoup le bruit, et s'éloigne dès qu'il l'entend.

Cette assertion me paraît extraordinaire, pour ne pas dire plus. Le poisson ne peut pas entendre le bruit extérieur ne se prolongeant pas sous l'eau : c'est tout au plus s'il pourrait percevoir le contre-coup des commotions du sol se répercutant dans sa demeure.

Sa prétendue crainte du bruit ne l'empêche pas de venir prendre l'appât sous les roues des moulins, la chute des cascades et sous les ponts traversés par des trains de chemin de fer en marche.

Je crois être certain qu'un orchestre complet, exécutant à grand fracas de cuivre les opéras de Wagner ou autres sur les bords de la rivière, produirait beaucoup moins d'effet sur les ouïes des poissons que sur les oreilles des malheureux mortels forcés parfois de les subir.

Mais revenons à notre brème.

Ce poisson habite, dans les rivières, les mêmes places que la carpe et la tanche; comme elles, il choisit les endroits où l'eau est calme et profonde, et coule doucement sur un fond de vase.

La brème se prend depuis février et juin avec des vers et des asticots, et, pendant tout l'été, en amorçant avec du blé cuit.

On emploiera, pour la pêcher, les mêmes lignes que pour les poissons décrits précédemment, et des hameçons des n°s 5 à 7.

Elle mord doucement à l'appât, et souvent remonte le courant en l'emportant, il faut ferrer vivement et préparer son moulinet, car au moindre effort pour l'enlever, elle se débat avec violence et pourrait casser ligne et canne, si on ne la fatiguait avant que de l'amener au bord.

Ce poisson se prend également aux lignes de fond amorcées de vers rouges, et aux filets, avec la nasse, et surtout l'épervier, en amorçant la veille les places où on doit le jeter.

§ 5. — *Le gardon* (CYPRINUS RUTILIS).

Le gardon est un très joli poisson, aux nageoires rouges, au dos d'un noir verdâtre, au ventre d'un blanc argenté; ses écailles sont très larges et sa forme ovale se rapproche de celle de la brème. Sa taille dépasse rarement 30 centimètres de longueur et son poids plus de 750 grammes.

Ce poisson, très commun en France, fraie au milieu du mois de mai et dépose ses œufs au milieu des herbes; sa fécondité est très grande et une femelle peut porter au moins 80,000 œufs.

Sa chair est assez médiocre et pleine d'arêtes; elle n'est mangeable qu'en friture, lorsqu'elle n'a pas le goût de vase, ce qui arrive au moins huit fois sur dix!

La pêche du gardon est plus facile dans les étangs que dans les rivières, où ses allures sont plus vives et ses instincts plus sauvages.

On doit se munir, pour cette pêche, d'hameçons nos 8 à 10, montés sur une empile de crin de Florence ayant au moins 1 mètre de longueur, sans employer la moindre flotte ou bouchon, et sans mettre de plomb. Le poids de l'hameçon, garni de son amorce, suffit pour le faire descendre dans l'eau. D'ailleurs au printemps et en été, ce poisson se tient presque toujours à la surface dans les eaux calmes, ou entre deux eaux dans les courants.

On doit amorcer avec des petits vers rouges, des vers porte-bois ou azerottes, des petites mouches noires d'appartement, ou des boulettes de mie de pain, ou de pâte préparée.

En sa qualité d'herbivore, il a un goût prononcé pour la mouche ou nymphe provenant de l'asticot classique, et nommée épine-vinette, à cause de sa couleur rouge.

Sa vue est perçante, et le moindre mouvement le met en fuite; je ne dis pas le moindre bruit, car il est aussi sourd que ses collègues.

Il mord très doucement à l'appât, et on doit ferrer très vivement à la moindre attaque; sa bouche étant très petite, ne laisse que bien rarement passer l'hameçon sans s'y accrocher.

Il est avantageux, au dire des manuels, de

jeter des amorces de fond dans l'endroit où l'on doit pêcher, c'est-à-dire des pelotes de terre grasse mélangées de son, de vers rouges et de *crottin de cheval.*

On prend aussi le gardon à l'épervier ou à l'échiquier. Employé pour la pêche au vif du brochet, c'est un appât excellent, et, à mon avis, c'est la seule qualité que je lui reconnaisse... pardon, j'en oubliais une autre, c'est de figurer avec avantage dans un bocal avec des poissons rouges, ses cousins. Est-ce bien un avantage ?

§ 6. — *Le goujon* (CYPRINUS GOBIO)

Le goujon, un des meilleurs ou le meilleur des poissons de friture, se reconnaît aux deux barbillons qui ornent ses lèvres ; son corps, allongé et arrondi à la fois, est couvert d'écailles très grandes pour sa taille, dépassant rarement 8 à 10 centimètres.

Sa couleur est d'un bleu sombre sur le dos, plus clair sur les flancs, et mélangé de brun ; le ventre est blanc et les nageoires d'une teinte jaunâtre mêlée de rouge.

Ce petit poisson est très abondant en France dans les rivières au fond de sable : dans les cours d'eau roulant sur un lit de pierres et de vase, il se cantonne sur les plages sablonneuses, et ne s'en écarte pas ; la tête penchée vers le fond, ou collé sur le sable, il agite ses barbillons qui, à ce qu'il paraît, sont doués d'une grande sensibilité et lui permettent de reconnaître les petits mollusques dont il se nourrit.

Prenez vos bas de ligne les plus fins et placez-y deux hameçons numéros 10 à 12, amorcez avec des vers rouges, des vers à viande (*asticots*), ou des vers d'eau (azerottes, porte-bois, porte-faix), puis garnissez le tout de petits plombs fendus, et laissez traîner vos hameçons de 5 à 10 centimètres sur le fond.

Puis, pour attirer les goujons à la place choisie par vous, prenez une perche et remuez fortement le fond de l'eau ; ce poisson curieux et gourmand remontera là où vous êtes en suivant l'eau troublée espérant y rencontrer sa proie : il y trouvera vos vers qu'il avalera de confiance avec toute la gloutonnerie de sa race. On peut en prendre de cette façon des quantités considérables en changeant de place, et en ayant soin de jeter de temps à autre quelques petites pincées de vers.

En remplaçant les ustensiles à goujons, quand ils deviennent rares, par un hameçon n° 5 ou 6 amorcé d'un ver ordinaire, on peut à la même place prendre de fort jolies pièces, attirées par les vers jetés au courant, et cherchant à découvrir la source de cette manne inattendue.

La pêche aux goujons peut se faire pendant toute la journée, mais elle est plus productive le matin, et après une pluie d'orage.

On prend aussi les goujons avec un filet appelé carrelet ou échiquier.

Ces filets, de forme ronde ou carrée, ont peu de profondeur au milieu, et on les entoure d'un carré ou d'un cercle en gros fil de fer, de 60 centimètres à 1 mètre de diamètre ; trois ou quatre ficelles de 1 mètre 29 centimètres (4 pieds) de long sont fixées au cerceau comme les chaînes d'une balance, et leurs extrémités sont réunies ensemble à une corde de 2 à 3 mètres de longueur, attachée au bout d'une forte perche.

On place ce filet à plat au fond de l'eau, en y atttachant au milieu un chiffon de drap rouge ou un morceau de pain de chenevis grillé sur les cendres chaudes. Puis avec une gaule munie à son extrémité d'un tampon de linge pour ne pas déchirer le filet, on agite fortement le sable et on trouble l'eau : au bout de quelques minutes on soulève vivement le filet, et on le trouve ordinairement très bien garni de goujons et autres fretins.

Cette pêche réussit parfaitement et procure rapidement une imposante friture, mais, car il y a un mais, elle est défendue.

Le goujon, avec le chevenne et le gardon, est un des meilleurs poissons pour pêcher au vif le brochet et la truite; et en friture il peut encore servir à pêcher au vif... le carnassier, ou plutôt cet insatiable omnivore qui s'appelle l'homme.

§ 7. — *Le véron* (CYPRINUS PROXIMUS).

Le véron est avec l'épinoche le plus petit de nos poissons de rivière : il ne dépasse pas six centimètres de longueur; son corps arrondi est couvert d'écailles très fines et visqueuses; sa tête est d'un vert foncé et son corps tacheté de diverses nuances brunes et blanches; ses nageoires sont piquetées de rouge, et la queue porte au milieu une tache brune.

Ce poisson recherche les eaux vives et courantes et les fonds sablonneux. Il fraie en juin et multiplie beaucoup : c'est le plus remuant, le plus curieux et le plus gourmand des fretins; il semble heureux de sa vie et cependant sa destinée est triste : sa petitesse le rend la pâture des autres poissons, du martin-pêcheur et de l'homme, qui l'aime assez en friture mélangé avec d'autres espèces.

Il ne mérite pas les honneurs de la pêche à la ligne et il est plus facile de le prendre à l'échiquier, à la trouble ou à la bouteille, genre de pêche très amusant dont nous parlerons plus tard, et très utile pour se procurer des amorces vives.

Le véron est donc destiné à être la proie de tous, et cependant il peut, lui le plus chétif des fretins, servir à prendre les plus gros ennemis de sa race et se venger en mourant! Est-ce là réellement une consolation? J'en doute.

§ 8. — *La bouvière* (CYPRINUS AMARUS).

La bouvière est un petit poisson de 5 à 6 centimètres de longueur sur 2 centimètres de large : il est très mince et presque transparent. Ses écailles sont grandes pour sa taille, et ses couleurs offrent un mélange de vert et de jaune sur le dos et de blanc sur le ventre : les nageoires dorsales et caudales sont d'un brun verdâtre, et les autres ont une teinte rougeâtre.

La bouvière se plaît dans les eaux limpides et courantes et se tient ordinairement sur les fonds de sable ; sa chair est amère et tout le monde la laisserait vivre en paix si elle n'était une amorce parfaite pour la pêche au vif de la perche. On la prend pour cet usage dans des nasses ou dans des troubles.

Après avoir terminé la description des poissons de fond du genre cyprin, nous allons passer en revue ceux des autres espèces ; la plupart de ces poissons ne se prennent pas à la ligne à soutenir, mais aux lignes de fond et au filet, cependant nous n'avons pas cru devoir les laisser à l'écart, quisqu'ils habitent presque tous nos cours d'eau.

Ces poissons sont : la perche, la perche goujonnière, l'anguille, l'alose, la lotte, la lamproie, l'éperlan, la loche, le chabot, l'épinoche.

§ 9. — *La perche* (PERCA FLUVIATILIS).

La perche est remarquable par ses deux nageoires dorsales qu'elle redresse à volonté au moment du danger et lorsqu'elle chasse : la plus grande de ces nageoires est composée de quinze arêtes, fortes et piquantes : ses écailles sont dures, épaisses, échancrées et adhérentes à la peau; ses couleurs vives et brillantes offrent un mélange de vert, de jaune, de rouge et de teintes dorées : trois bandes transversales teintées de noir se fondent à la couleur générale du corps.

Sa longueur, en France, dépasse rarement 40 centimètres, et son poids 1 kilog. 1/2; mais dans les contrées du Nord, et dans les lacs et les fleuves d'Amérique, elle atteint souvent un poids considérable.

Les perches commencent à se reproduire vers leur troisième année et au commencement du printemps. La femelle est d'une fécondité extraordinaire; arrivée à un poids de 500 grammes, elle peut pondre jusqu'à 900,000 œufs au moins. Ces œufs, très petits, retenus par une matière visqueuse, forment une longue chaîne se déployant dans l'eau, et s'enroulant autour des herbes aquatiques, où ils restent à demeure, jusqu'au moment de l'éclosion. Elle prospère mieux et se multiplie davantage dans les étangs, mais sa chair y est moins délicate.

Ce poisson, de même que la truite et le brochet, est un poisson de proie, essentiellement carnassier et d'une extrême voracité. Il se nourrit de petits poissons, de vers, de grenouilles, d'insectes aquatiques, etc. Il a la vie dure et peut être transporté au loin, comme la carpe, en appliquant les mêmes procédés de conservation.

Sa chair est ferme et d'un goût très délicat, surtout dans les eaux vives, et cuite au vin blanc.

La perche, comme tous les poissons de proie, est à la fois un poisson de fond et de surface, mais cependant elle se tient plus souvent au fond ou entre deux eaux.

Sa pêche ne nécessite pas l'emploi désagréable et parfumé des appâts favoris des poissons du genre cyprin.

Avec la perche, il n'est pas besoin de vers de viande ou de poisson, de vers de latrines, de crottin de cheval, sang caillé et autres jolis appâts du même genre. Mais on doit être muni de lignes solides et d'hameçons des nos 4 à 7, empilés sur de bons crins de Florence, car la perche est un poisson vigoureux et qui résiste énergiquement.

Le meilleur appât pour la perche ordinaire est le ver et le poisson vif, goujon, bouvière et véron pour la grosse perche.

Ce poisson, lorsqu'il chasse, attaque franchement l'appât; dans le cas contraire, il prend lentement et s'éloigne. On doit le laisser filer et ne piquer que lorsque l'hameçon a eu le temps de descendre dans l'estomac, car sa bouche est très large et pourrait laisser ressortir la pointe de l'hameçon sans s'accrocher.

La perche, arrivée à une certaine grosseur, se cantonne aux environs des ponts, dans les gouffres au bas des moulins, des vannes et des biez, là où dans une eau profonde le courant peut lui amener sa proie.

Ce poisson ne mord pas aux insectes ou aux mouches artificielles, et je vous engage à ne jamais vous en procurer, bien qu'on en vende de très jolies, comme pour la carpe.

§ 10. — *Perche goujonnière* (ACERINA).

Ce poisson doit son nom à sa double ressemblance avec la perche et le goujon. Il a, de la première, la nageoire dorsale, et la queue ainsi que les taches du second.

Sa taille varie de 10 à 15 centimètres.

Ce petit poisson recherche les remous et les creux profonds au lit de sable, et fraie au mois d'avril. Sa chair est bonne, mais moins délicate que celle de la perche.

Sa rareté relative s'oppose à ce qu'on en fasse l'objet d'une pêche spéciale, et on ne le prend qu'en pêchant d'autres poissons, mais il mord aux mêmes amorces que le goujon.

§ 11. — *L'anguille* (MURÆNA ANGUILLA).

La forme de l'anguille, la flexibilité de son corps, la rapidité de ses mouvements lui donnent beaucoup de ressemblance avec les serpents, mais cette ressemblance n'existe que dans la forme, car l'anguille, de même que les poissons, respire par des branchies et se meut par des nageoires, tandis que les serpents sont munis de poumons et privés de nageoires.

Celles de l'anguille sont peu visibles, et réunies en une seule, à la caudale.

La tête est petite et les écailles invisibles; le corps de ce poisson, enduit d'une matière visqueuse, fournie en abondance par les pores de la ligne latérale, est très glissant dans les mains, et lui permet d'échapper facilement à l'étreinte du pêcheur, malgré une vive pression des doigts.

L'anguille, d'après différents auteurs, serait ovovipare, c'est-à-dire provenant d'un œuf, comme tous les poissons, mais d'un œuf éclos le plus souvent dans le ventre de la mère, à la suite de l'accouplement avec le mâle, accouplement très rare chez les poissons.

D'après d'autres auteurs, elle ne serait que la larve d'un poisson *parfait, mais inconnu?*

De même que plusieurs espèces de poissons, l'anguille a aussi ses migrations régulières et annuelles, mais en sens inverse; ainsi, tandis que les salmonidés remontent au printemps les fleuves et les rivières, elle quitte au contraire ses parages habituels pour descendre leurs cours et parvenir ainsi à la mer : c'est à ce moment que, suivant le mot des pêcheurs, elles se *relâchent*, c'est-à-dire s'entortillent ensemble et en grand nombre, et formant une boule se laissent emporter par le courant.

Ce poisson, à ce qu'il paraît, possède la faculté d'être amphibie, et même de quitter les eaux qui ne lui conviennent pas pour aller trouver au loin une demeure à sa convenance.

Cette faculté si singulière chez un poisson privé de poumons et respirant par des branchies est extraordinaire au premier abord, mais comme elle est affirmée par nombre d'auteurs très compétents, elle nous paraît pouvoir être admise : pendant le jour l'anguille reste enfermée dans des trous creusés par elle dans la vase ; ces trous sont habituellement pratiqués dans des berges escarpées, et pourvus d'une double entrée, permettant au poisson d'y pénétrer soit la tête la première, soit à reculons, car il a, dit-on, la faculté de nager dans les deux sens.

Au crépuscule, pendant la nuit, ou au moment des crues d'eau, elle se met en marche pour quêter sa nourriture qui se compose de vers, de petits poissons et de chair vive ou en décomposition.

Sa chair est très délicate mais d'une digestion difficile.

On la pêche de différentes manières, soit avec les cordeaux de nuit, les jeux, le trident, la vermille, etc., et avec presque toutes les espèces de filets : mais les nasses et verveux garnis de viande cuite ou crue ou de grenouilles donnent les meilleurs résultats.

Nous ne décrivons pas tous ces différents modes de pêche, puisque nous ne devons nous occuper dans ce livre que de la pêche à la ligne, mais nous avons cru devoir en faire mention.

Comme nous l'avons dit, l'anguille ne se

prend pas de jour à la ligne, sauf dans les inondations et les eaux troubles; mais au crépuscule, en pêchant près des berges qu'elles habitent, et en amorçant des hameçons des numéros 3 à 5 montés sur de fortes empiles en laiton et amorcés de gros vers rouges, ou de poissons vifs, on peut quelquefois réussir.

§ 12. — *L'alose* (CLUPEA ALOSA).

L'alose qui est de la même famille que le hareng, lui ressemble beaucoup pour la forme, mais non pour le poids qui varie de 1 à 2 kilog. : c'est un poisson de mer remontant au printemps nos cours d'eau pour frayer et retournant à la mer en automne.

L'alose a le dos d'une couleur jaune tirant sur le vert, et ses côtés sont blancs : ses écailles longues et dures se terminent en pointe aiguë ; ses nageoires sont grises frangées de bleu. Elle fait sa nourriture de petits poissons, de vers et d'insectes.

Sa chair est très estimée, mais seulement pendant le temps où elle voyage dans les eaux douces et surtout au mois de juin; en revanche elle se gâte très rapidement : on en prend de grandes quantités dans la Loire, le Rhône, la Saône et le Rhin.

L'alose se pêche de mars en septembre, avec les nasses, le tramail, les troubles, la seune, etc. : pendant les nuits obscures et les eaux troubles, la réussite est assurée.

Elle recherche les eaux profondes et calmes et par les temps d'orage s'enfonce dans les profondeurs des eaux.

En pêchant à la ligne avec des poissons vifs ou avec de gros vers rouges dans les eaux troubles, on peut parvenir à en prendre (on réussit toujours en pêchant en eau trouble, dit le proverbe). Je le crois vrai.

§ 13. — *La lotte* (GADUS LOTA).

La lotte est un poisson au corps allongé, de forme presque cylindrique, aux écailles invisibles et recouvert comme chez l'anguille d'une abondante viscosité. Sa bouche est armée de sept rangées de dents aiguës et garnie d'un barbillon de chaque côté de la mâchoire inférieure.

Son corps est tacheté de noir et de jaune dans la partie supérieure, et de blanc sur les flancs et le ventre.

La lotte recherche les eaux limpides et courantes, et se blottit sous les pierres dans un trou qu'elle creuse elle-même dans le sable; là elle agite ses barbillons, et le menu fretin curieux et gourmand comme toujours s'approche attiré par ces organes trompeurs qu'il prend pour des vers ou des insectes d'eau et devient sa victime.

Ce poisson fraie en décembre et janvier, multiplie beaucoup et croît avec rapidité : sa longueur ordinaire varie de 35 à 50 centimètres, et son poids de 500 grammes à 1 kilog.; sa chair blanche est d'un goût très délicat, mais son foie, ordinairement très volumineux, est un mets d'une saveur tellement exquise que les gourmets lui ont fait les honneurs de ce proverbe si connu dans les pays où elle est abondante :

« La femme vendra sa cotte pour manger
« du foie de lotte. »

Ce proverbe à mon avis est une arme à

deux tranchants, s'appliquant aux gourmets des deux sexes; s'il est vrai que la femme vend sa cotte, il est encore plus vrai que l'homme vendrait son. . inexpressible au besoin, car on compte plus de gourmets parmi le sexe qui s'intitule lui-même et bien à tort le sexe fort, que chez le sexe faible appelé ainsi par ironie sans doute!

La lotte, comme l'anguille, a la faculté de pouvoir vivre, dit-on, plusieurs jours hors de l'eau, pourvu qu'on lui donne de petits fretins ou de la viande à défaut de fretin : je constate le dire, mais sans trop y croire. Ce poisson ne se pêche ordinairement qu'aux lignes dormantes ou aux filets, nasses, etc.; on le prend bien rarement à la ligne pendant le jour, mais en amorçant avec des poissons vifs, et par des eaux troubles, on peut réussir à s'en emparer. On prétend que les œufs de ce poisson sont purgatifs, je l'ignore, mais au besoin et pour vous assurer de la vérité de cette assertion, vous pourrez en faire l'expérience.

§ 14. — *Lamproie* (PETROMYZONTES MAXIMUS).

La lamproie, de même que l'anguille, ressemble beaucoup au serpent, mais c'est un véritable poisson puisqu'elle respire avec des branchies et se meut au moyen de nageoires ; elle est pourvue de sept trous branchiaux (ou branchies) espacés de chaque côté de la tête, le long du corps, et elle est privée de nageoires pectorales.

Sa bouche arrondie est garnie de plusieurs rangées de dents disposées en cercle, et sa langue, également pourvue de dents, est destinée à agir comme le piston de la machine pneumatique et à faire le vide dans la cavité buccale, ce qui permet à ce poisson de s'attacher fortement avec sa bouche, soit aux pierres pour s'aider à remonter les barrages, soit au corps des poissons et autres débris animaux, dont elle se nourrit par succion et non par mastication.

Son corps, recouvert d'une peau épaisse, lisse et visqueuse, est d'une couleur verte et brune sur la tête, et taché d'un mélange de teintes bleues, vertes, jaunes et blanches.

La lamproie, dont la taille dépasse souvent 1 mètre de longueur, est un poisson de mer remontant en mars nos rivières d'eau douce pour frayer. Elle est d'une grande fécondité et ovipare.

Elle nage rapidement en décrivant des cercles continuels.

Sa chair est assez estimée, mais d'une digestion difficile. Au temps du moyen âge, les pâtés de lamproie figuraient avec honneur sur les tables féodales, en face des rôtis de paon ; mais aujourd'hui, je ne crois pas qu'on les voie figurer sur la carte de nos célèbres restaurateurs. Il est vrai que l'art culinaire a fait de réels progrès ; on n'en dirait pas autant de bien d'autres choses plus sérieuses !

La lamproie se prend comme les anguilles, dans des filets, nasses, verveux, etc., mais elle ne se prend jamais à la ligne, puisqu'elle ne peut que sucer et non avaler l'appât.

A l'entrée de la nuit et par les basses eaux, on peut aussi les pêcher à la main, garnie d'un mouchoir ou d'une peau de requin, lorsqu'elles remontent les barrages et s'attachent aux pierres des digues; on les saisit d'une main, et de l'autre on s'éclaire d'une lanterne, dont la lumière, à ce qu'il paraît, les attire et les éblouit.

Nous avons pensé devoir décrire ce poisson, bien qu'il ne se pêche jamais à la ligne, parce que c'est un habitant de nos cours d'eau.

§ 15. — *L'éperlan* (SALMO EPERLANUS).

Ce poisson a un corps allongé et à demi-transparent, à la forme d'un fuseau; sa tête est petite et pourvue de grands yeux, son dos est d'un brun grisâtre; le reste du corps présente un mélange de belles teintes d'argent et de vert clair. Sa taille dépasse rarement 15 centimètres.

Sa chair est d'un goût très délicat, et si elle a réellement le parfum de la violette, comme le prétendent certains auteurs, elle devait être un mets exquis et digne de la table des dieux de l'Olympe... dans le temps où il y avait un Olympe et des dieux! Aujourd'hui les dieux sont partis! mais l'éperlan est resté...

L'éperlan est un poisson de mer habitant près de l'embouchure des grands fleuves, et remontant leurs cours au printemps pour frayer.

On le trouve en abondance à l'embouchure de la Seine, et il fait sa nourriture de petits mollusques et de vers aquatiques. On connaît encore une autre variété d'éperlan, ressemblant à l'ablette, et différant du premier par la taille et d'autres caractères. Sa chair, en outre, est moins délicate que celle du premier, et ne sent pas la violette.

L'éperlan se prend dans les filets à petites mailles, et mord rarement à la ligne : on n'en fait pas l'objet d'une pêche particulière, mais on en prend en pêchant des goujons ou des gardons au vers rouge.

§ 16. — *La loche* (LOBITIS).

La loche est un petit poisson au corps allongé, à la tête petite, à la bouche étroite et aux lèvres propres à la succion. On connaît deux espèces de loches, la loche franche, et la loche de rivière ou motelle.

La loche franche se reconnaît aux six barbillons que porte sa lèvre supérieure. Son corps est cylindrique, orné de taches grises et brunes, et enduit d'une viscosité épaisse; sa taille ne dépasse pas celle du véron; elle se plaît dans les eaux vives et les torrents de montagne, et sa chair est très délicate; elle fraie au printemps.

La loche de rivière ou motelle n'a que deux barbillons à la lèvre supérieure, les quatre autres sont placés à la lèvre inférieure; elle se distingue encore de l'autre par une épine fourchue placée près de chaque œil; son dos est brun et son corps taché de jaune et de brun; sa taille dépasse celle de la loche franche, mais sa chair lui est, dit-on, inférieure. Je ne suis pas de cet avis, et la trouve fort délicate en friture; je crois cette opinion partagée par les pêcheurs.

Ce petit poisson ne se pêche pas à la ligne (et cependant il y mordrait parfaitement), mais avec des nasses et des verveux; pendant les basses eaux, on le prend avec des fourchettes ou petits tridents.

§ 17. — *Le chàbot* (COTTUS GABIO).

Le chabot est très commun dans toutes nos rivières et ruisseaux. Il est remarquable par sa grosse tête attachée à un corps de forme conique et de couleur brune, mélangée de noir et de gris; chez le mâle le ventre est jaunâtre, et blanc chez la femelle. Ce petit poisson, recouvert d'une épaisse matière visqueuse, est d'une longueur de 5 à 10 centimètres.

Il se plaît dans les courants rapides et nage avec une extrême vitesse; sa laideur le ferait respecter, si sa chair n'était pas si délicate et si grasse; il est parfait en friture, lorsqu'on a eu soin de lui enlever la tête.

Le chabot fraie en mars et avril, et la nature l'a doué d'une heureuse fécondité; sa voracité est extrême, il n'épargne pas même sa progéniture, imitant ainsi l'exemple de la plupart de ses confrères.

On ne pêche pas ce petit poisson à la ligne, on préfère le prendre vivant à la trouble ou dans des nasses à mailles serrées.

Les anguilles et la truite ont, comme les pêcheurs, un goût prononcé pour sa chair savoureuse; et c'est une amorce excellente pour les prendre soit aux lignes dormantes, soit au poisson vif.

§ 18. — *L'épinoche* (ASTEROSTEUS ACULEATUS).

L'épinoche, un des plus petits poissons de nos cours d'eau, est connu des pêcheurs sous le nom de savetier : il est remarquable par les trois aiguillons qu'il porte sur le dos, et les deux autres placés sous ses nageoires ventrales : ces aiguillons se redressent à volonté aussitôt qu'il se voit menacé d'un danger quelconque ou qu'il se prépare au combat. Son corps, qui ne dépasse pas 7 centimètres, est vert à la partie supérieure, blanc tacheté de rouge à la partie inférieure, et recouvert de plaques osseuses lui servant de bouclier.

Ce petit poisson si bien armé est doué d'un caractère despotique et querelleur : à l'abri des attaques des autres poissons, il multiplie

5

énormément et finirait par infester nos rivières, s'il n'était victime de ses mœurs belliqueuses : comme les loups les épinoches se dévorent entre eux, ou plutôt se combattent sans cesse avec acharnement, ce qui rétablit l'équilibre.

La nature heureusement l'a fait naître petit ! L'épinoche habite indifféremment les eaux courantes ou les eaux calmes, et se nourrit de larves, d'insectes et de têtards : il fraie en avril ou en mai, et se construit alors au fond de l'eau un véritable nid en boue de forme ronde recouvert d'un toit et percé à la base de plusieurs trous, lui permettant d'entrer et de sortir à volonté : c'est là, au fond de ce nid, que la femelle vient pondre ses œufs; puis le mâle arrive à son tour les féconder; depuis cet instant jusqu'à l'éclosion il monte la garde autour de sa demeure et se précipite avec fureur sur tout poisson grand ou petit se permettant d'approcher de trop près : obéit-il à un instinct de jalousie, ou au sentiment de l'amour paternel? La question n'est pas tranchée.

Placé dans un aquarium avec d'autes fretins ou des poissons rouges, il leur fait une guerre acharnée et ne s'arrête que lorsqu'il est resté le dernier et que le combat a fini faute de combattants.

Il n'épargne pas davantage les poissons de sa race.

Voici sur les mœurs de ce petit poisson batailleur, des détails très intéressants et habilement décrits par un savant observateur dans le *Magasin pittoresque :* j'ai cru devoir les donner textuellement et sans y rien changer : « Ayant à différentes reprises conservé « plusieurs de ces petits poissons pendant le « printemps et une partie de l'été, j'ai pu « faire sur leurs habitudes des observations « suivies et dont les résultats me paraissent « assez curieux...

« Le vaisseau dans lequel je les tiens « d'ordinaire est une auge en bois de 1 mètre « de long sur 66 centimètres de largeur et « autant de profondeur.

« Lorsqu'ils y sont mis pour la première « fois et pendant un jour ou deux, on les voit « nager en troupe, comme pour faire une « reconnaissance de leur nouvelle habitation.

« Bientôt dans le nombre il s'en trouve un « qui prétend s'ériger en maître de l'auge, et

« si quelque autre essaie de s'opposer à sa « domination, il en résulte aussitôt un com- « bat furieux : les deux adversaires tournent « rapidement l'un autour de l'autre essayant « de se mordre (et leur bouche est très bien « garnie de dents), ou plus souvent encore de « se percer de leur aiguillon ventral, qui, « dans ces circonstances, est toujours tendu « en travers.

« J'ai vu de ces batailles durer plusieurs « minutes avant que la victoire ne se décidât; « mais quand enfin un des combattants se « sentant plus faible commence à fuir, il est « aussitôt poursuivi par l'autre avec un in- « croyable acharnement et cette chasse ne « cesse que lorsque les forces de tous les « deux sont complétement épuisées.

« A partir de ce moment il s'opère dans le « vainqueur un changement des plus remar- « quables; sa robe, qui était d'un vert sâle et « tacheté, se pare des plus brillantes cou- « leurs; le ventre, la gorge et la mâchoire in- « férieure prennent une belle teinte cramoisie « et le dos devient vert clair.

« J'ai vu quelquefois trois ou quatre pa- « rages de la cuve occupés par autant de ces

« petits tyrans, qui gardaient leurs terri-
« toires avec tant de vigilance que la moindre
« apparence d'envahissement de la part d'un
« autre poisson amenait inévitablement un
« combat. L'épinoche, comme presque tous
« les autres animaux, ne se bat jamais mieux
« que sur son propre terrain : aussi dans
« presque tous les cas celui qui a commencé
« l'invasion a le dessous (pourquoi n'en est-il
« pas toujours de même dans la race hu-
« maine? Réflexion de l'auteur), si pourtant
« il est vainqueur, il ajoute à son ancien
« domaine, le domaine du vaincu : celui-ci
« prend aussitôt des manières et un exté-
« rieur conformes à sa nouvelle fortune : ses
« mouvements ont perdu presque toute leur
« vivacité, et sur sa robe, le pourpre et le vert
« brillant ont fait place à une teinte olivâtre
« et tachetée; au reste cette humble appa-
« rence ne suffit point pour calmer la colère
« du vainqueur qui, encore assez longtemps
« après, s'acharne à sa poursuite.

« Il est presque superflu de faire remar-
« quer que ces habitudes ne se remarquent
« que chez les mâles, les femelles sont toutes
« d'un naturel pacifique... Les morsures que

« se font ces rivaux terribles, entraînent « quelquefois dans le blessé la perte de la « queue; non que cette partie soit séparée « d'un seul coup, mais parce que la gangrène « est souvent la suite de blessures en cet en- « droit : celles que font les épines sont peut- « être plus dangereuses encore, et j'ai vu dans « ces batailles un des deux adversaires ouvrir « largement le ventre de son rival, qui tom- « bait aussitôt au fond de la cuve et mourait « bientôt après.

« Ce qui est étrange, c'est qu'au moment « de mourir le blessé reprend les couleurs que « sa défaite lui avait fait perdre : toutefois « ces couleurs n'ont pas tout à fait le même « éclat et la même netteté qu'auparavant. » (*Magasin pittoresque.*)

On ne pêche jamais l'épinoche, excepté pour s'en servir comme amorce, faute d'autres bien entendu, et à la condition de lui enlever ses épines : en pêchant au véron tournant dans des eaux profondes et peu limpides, on pourra certainement réussir.

CHAPITRE III

POISSONS DE SURFACE, LEUR PÊCHE

Nous allons énumérer successivement les poissons vivant à la surface ou entre deux eaux, décrire leurs habitudes spéciales et leurs différents modes de pêche.

Ces poissons sont : le saumon, la truite, l'ombre, le brochet, le chevenne, la vandoise et l'ablette.

§ 1er. — *Le saumon* (SALMO SALAR).

Le saumon, le plus grand des poissons du genre des salmonidés, habite la mer, près de l'embouchure des fleuves, dont il remonte le cours au printemps pour venir frayer en octobre ; des fleuves, il gagne les rivières, des rivières, il passe aux ruisseaux, et franchissant les digues et les cascades, va s'échouer parfois au sommet des montagnes, dans le lit d'un torrent trop étroit pour le contenir.

Comment expliquer cet instinct de remonter jusqu'à leur source les eaux dans lesquelles il a pénétré ? Est-ce pour trouver des eaux plus chaudes pour y passer l'automne et le commencement de l'hiver ? ou bien le degré de température qu'il semble chercher serait-il nécessaire à l'éclosion des œufs ?

La truite, qui imite le saumon dans ses migrations, s'arrête lorsqu'elle est parvenue à des eaux dont la profondeur ne lui suffit plus, et redescend dans le milieu qui lui convient.

« Le saumon est orné de magnifiques cou-
« leurs. Ses côtés sont bleus ou verts sur le
« haut du corps, et argentés au bas ; le front
« et les joues sont noires, de même que le
« dos ; la gorge et le ventre sont teintés d'o-
« range, les nageoires anales et ventrales
« sont d'un jaune doré, les pectorales, de la
« même couleur, sont bordées de bleu, la
« première dorsale est grise avec des taches

« brunes, la seconde est noire, et la caudale « bleue; quelques taches noires, placées irré- « gulièrement, sont parsemées sur le corps.

« Le saumon suit un certain ordre de mar- « che dans ses voyages périodiques; une « femelle, la plus grosse de la troupe, s'avance « en tête, les autres femelles la suivent en « nageant deux à deux, puis viennent les « mâles et enfin les jeunes saumons. Ils fran- « chissent, dans le même ordre, les digues et « les obstacles; se courbant en demi-cercle et « s'appuyant contre un corps solide, ils re- « dressent leurs corps avec la force et la ra- « pidité d'un ressort et franchissent l'obsta- « cle. » (*Traité de Pêche*, de MM. René et Liersel.)

Arrivés au terme de leur course, non sans laisser bien des victimes sur leur parcours, les femelles déposent, en octobre, leurs œufs dans des espèces de fosses ou rigoles creusées par elles dans le sable, puis les mâles, échappés aux embûches du voyage, viennent à leur tour les féconder.

Après le frai, les saumons reprennent le chemin de la mer, où ils arrivent en rangs bien éclaircis; mais le vœu de la nature a été accompli, et la reproduction de l'espèce assurée en principe. Les jeunes saumons éclos dans les fosses restent dans les eaux douces jusqu'à l'âge de trois ans, époque où ayant atteint une longueur de 27 à 35 centimètres, ils sont en état de commencer leur premier voyage à la mer.

Ce n'est que vers leur cinquième année que les saumons s'occupent de leur reproduction; à cet âge, ils pèsent habituellement de 5 à 6 kilog. Il n'est pas rare de prendre des saumons de 20 à 40 kilog. dans certaines contrées du Nord et dans les fleuves d'Amérique.

La bouche et la langue du saumon sont garnies de plusieurs rangées de dents; sa nourriture consiste en petits poissons, vers, insectes, et en mouches et libellules, qu'il saisit en s'élançant à la surface de l'eau.

Sa chair rougeâtre est ferme et d'un goût délicat, mais d'une digestion un peu difficile; coupée par tranches, puis ensuite salée et fumée, elle peut se conserver très longtemps; cette préparation est usitée dans les contrées du Nord où le saumon abonde.

Il ne se trouve pas dans toutes nos rivières

françaises, mais il est assez commun dans les rivières du nord-est, la Meuse, la Loire et ses affluents, la Garonne et le bassin de la Gironde; il s'arrête à la hauteur du golfe de Gascogne, et ne descend jamais à la Méditerranée, dont les eaux ne semblent pas lui convenir.

Les jeunes alevins placés dans des eaux limpides et aux courants rapides, n'y restent pas toujours; quittant brusquement ces cours d'eau, sans qu'on puisse en deviner la cause, ils vont se fixer dans des rivières de leur choix, et qui, au premier abord, ne semblent pas devoir leur plaire.

Le saumon se pêche à la ligne, en amorçant des hameçons des n°s 00 à 3, montés sur double empile de crin de Florence, soit avec des petits poissons pour pêcher au vif ou au véron tournant, soit avec des insectes et les plus grosses mouches naturelles.

En pêchant à la volée ou à la mouche artificielle, on emploiera les plus grosses mouches possibles, aux couleurs éclatantes, et les meilleures seront les plus invraisemblables et les moins naturelles.

On se sert aussi, pour pêcher le saumon,

d'un engin nommé tue-diable. C'est une grosse chenille faite en cuir et en soie de couleurs éclatantes, et entourées de fil d'or et d'argent; la queue, en fer-blanc, imite celle d'un poisson. Cet engin est entouré de 7 hameçons, et monté sur trois crins de Florence tressés ensemble.

Sa forme semi-circulaire et des émérillons placés de distance en distance lui impriment dans l'eau un vif mouvement de rotation dans tous les sens. C'est un engin excellent pour pêcher dans les courants et dans l'écume des cascades.

La truite, la perche, le chevenne et le brochet se prennent également avec cet appât artificiel.

A la pêche du saumon, le moulinet est indispensable, et souvent il est insuffisant pour capturer dans un courant rapide un de ces poissons de forte taille. Que faire alors? abandonner sa canne et se mettre à la nage à la suite du poisson? Ce moyen est énergique, mais peu réalisable en pratique. Ce qu'il y a de mieux à faire en pareille situation, c'est de prendre toutes les précautions possibles et de lutter avec intelligence et sang-froid : il est rare que l'instinct ne soit pas vaincu par l'intelligence.

Bénissez la providence ou le hasard s'il vous a conduit au bord d'un de ces cours d'eau fréquentés par le noble poisson! La capture d'un saumon, pour le pêcheur à la ligne, est le pendant de la prise inespérée de la carpe de vingt livres, cette carpe que l'on rêve toujours et qu'on ne prend jamais qu'en rêve!

Pour la pêche aux filets, on emploie l'épervier, la seine, le guideau et les verveux, en tournant leur ouverture du côté d'aval, afin de les arrêter lorsqu'ils montent; on ajoute des ailes aux verveux et aux guideaux afin de les diriger vers l'entrée du filet. Cette pêche est très productive.

Jadis on employait des hottes garnies de fagots d'épines, maintenus par des pierres au sommet des barrages et à fleur d'eau : les saumons en franchissant l'obstacle, retombaient dans les hottes.

Cette pêche destructive est formellement interdite, et on s'occupe aujourd'hui de faciliter aux saumons, par des degrés de pierre, l'ascension des barrages, dans le but de favoriser leur frai et d'assurer leur reproduction. Puissent ces mesures conservatrices produire l'effet désiré et ramener dans nos cours d'eau et sur nos marchés les innombrables troupes des saumons qui s'y rendaient jadis, ici de leur plein gré et là bien malgré eux ! Faisons des vœux pour qu'un jour les serviteurs exigent de leurs maîtres, comme cela se pratiquait jadis en Ecosse, la promesse formelle de ne pas être forcés de manger du saumon plus de deux fois par semaine ?

Mais trouvera-t-on dans l'avenir des saumons, des serviteurs et des maîtres ?

§ 2. — *La truite* (SALMO FARIO, TRUTTA FARIO).

La truite, de la famille des salmonidés, est un poisson de proie et carnassier d'une voracité extrême : sa bouche, comme celle du saumon, est complétement garnie de dents pointues et recourbées placées sur la mâchoire, le palais et la langue ; ses écailles sont petites et ses couleurs éclatantes forment un mélange de vert doré, de brun, de blanc, de pourpre et de gris et les flancs sont parsemés de taches noires et cerises.

Ces nuances varient avec la limpidité des eaux qu'elles habitent, et leur vivacité comme leur intensité de coloration sont en raison directe de cette limpidité : en voici l'explication donnée par la science : dans les eaux transparentes, le soleil ce grand peintre de la nature, pénètre avec toute son intensité de lumière et colore le poisson des teintes les plus vives, tandis que dans les eaux opaques et troubles qu'il ne traverse qu'avec peine, il ne peut le revêtir que de couleurs ternes et obscures.

Il existe en France trois espèces de truites, la truite commune, la truite des lacs et la truite saumonée.

Ces espèces varient entre elles de taille et de couleurs et forment plutôt des variétés de semis, appropriées pour le milieu où elles doivent vivre, que des espèces distinctes et spéciales : la truite saumonée par exemple, qui, à ce qu'il paraît, habite la mer comme le saumon et remonte au printemps nos cours d'eau pour y déposer son frai en octobre, me paraît être une variété, et non une espèce particulière, car on prend côte à côte, dans la même rivière, des truites blanches et saumonées, et cette rivière, le plus souvent, n'a aucune communication avec la mer.

La truite fraie depuis octobre à février suivant les cours d'eau qu'elle habite, et dépose ses œufs de couleur jaune orange et un peu plus petits que des pois, dans des espèces de fosses allongées qu'elle creuse de son ventre et de ses nageoires, et qu'elle recouvre de graviers lorsque le mâle les a fécondés.

Au bout de trois mois, c'est-à-dire en mai, les œufs éclosent, et les alevins, munis d'une vessie ombilicale, contenant une réserve de nourriture appropriée à la délicatesse de leurs organes, sont livrés à eux-mêmes ; ce n'est qu'après un mois et demi à dater de leur naissance que la vessie abdominale est résorbée et que les jeunes poissons commencent leur vie de carnassier en pleine eau.

La truite se nourrit de tout ce qui nage et vit autour d'elle, ou vient à tomber à la surface de l'eau; petits poissons, porte-bois ou azerottes, écrevisses, débris animaux, crevettes, colimaçons, vers, insectes, mouches, tout lui est bon à prendre.

On la pêche habituellement au ver, au véron naturel vivant ou mort, au poisson artificiel, et aux mouches ou insectes naturels et artificiels.

La pêche au ver se fait le matin et le soir par les eaux troubles ou les crues ; on remonte le courant en pêchant et on lance sa ligne armée d'un hameçon des numéros 3 à 6, amorcé d'un ver de pré ou lombric et muni de plombs, en avant de la place où on la suppose embusquée : on tient sa canne presque perpendiculaire de manière à ce que l'appât effleure le fond de l'eau sans s'y arrêter.

De cette façon on ressent le contre-coup des attaques du poisson dans la main.

Lorsque la truite mord au ver enfilé par la tête sur l'hameçon et ne devant pas le dépasser de plus de 3 centimètres, on éprouve d'abord une attaque brusque et rapide, puis après un léger temps d'arrêt, deux ou trois coups précipités et la ligne file, c'est le moment de la piquer, opération qui doit se faire du poignet.

La truite, en se sentant piquée, bondit d'abord avec violence, mais le moulinet indispensable à cette pêche s'ouvre et la ligne se déroule ; si elle s'arrête, on la ramène à soi, si elle repart, on lui rend de la ligne et elle finit bientôt par arriver épuisée aux pieds du pêcheur qui doit alors s'en emparer avec précaution, sans brusquerie et sans chercher à la lancer dans les airs au risque de tout casser.

Avant de l'introduire dans son panier, on doit lui frapper la tête contre une pierre, ou le talon ferré du soulier et la tuer ; les Anglais se servent pour cela d'un petit marteau d'acier.

En agissant ainsi on lui conserve toute la délicatesse de sa chair qu'une longue agonie et l'asphyxie dans le panier lui feraient certainement perdre. A ce propos, je vous ferai remarquer que cette opération inaccoutumée doit être pratiquée également sur tout poisson gros ou moyen et de toute espèce ; elle est inutile pour le menu fretin.

La pêche au poisson vif se pratique ainsi : on prend un hameçon numéro 2 ou 3 et on le pique à côté de la nageoire dorsale d'un véron vivant, d'un goujon ou d'un fretin quelconque, ce qui ne l'empêche ni de vivre, ni de nager pendant un certain temps, puis on place un plomb numéro 5 ou 6 sur l'empile pour le maintenir entre deux eaux.

On l'agite continuellement et on le promène de tous côtés, dans les creux profonds, à proximité des sous-rives, des arbres noyés et dans les eaux calmes : la truite espère s'emparer facilement de ce poisson qui semble nager avec difficulté ; elle s'élance et se prend elle-même à l'hameçon.

Pour la pêche au poisson mort, on introduit dans la bouche du poisson un hameçon numéro 2 ou 3 et on le fait sortir près de la queue, ce qui courbe le poisson, puis avec un second hameçon numéro 6 ou 7 empilé au-dessus du premier, on lui traverse les deux yeux et on le fixe ainsi solidement par deux pointes ressortant dans deux directions différentes.

On emploie aussi deux ou trois grappes d'hameçons montés sur une forte empile, sur lesquels on accroche le poisson mort, qui se trouve ainsi entouré de dards aigus.

Pour le faire tourner dans l'eau et lui donner l'apparence de la vie, on place un émérillon ou petit tourniquet en acier à 10 centimètres de l'hameçon, et un second à 60 centimètres du premier, servant à relier le bas de ligne avec la ligne.

Ces émérillons et la courbure donnée au poisson impriment à l'appât un rapide mouvement de rotation, même dans les eaux calmes : le poisson mort semble vivre et fuir en nageant comme un poisson blessé, ce qui excite la voracité de la truite.

Ces différents modes de pêche aux poissons vifs ou morts se pratiquent dans les courants, sous les chutes d'eau et les cascades, par les temps calmes et les eaux nuageuses, et par les temps d'orage, de pluie ou de vent dans les eaux calmes et profondes.

Pour conserver aux poissons morts leur couleur vive et toute leur fraîcheur, on les place dans une petite boîte avec du sel.

On se sert aussi de poissons artificiels en caoutchouc, en os, en ivoire, en cristal, garnis de grappes d'hameçons.

Ce genre d'appâts réussit bien dans les courants rapides; dans les eaux calmes et profondes, on ne devra l'employer que par les vents d'orage, ou lorsque la limpidité de la rivière aura été momentanément troublée par une crue subite.

Ces poissons imités ou naturels, de même que le tue-diable dont nous avons déjà parlé, conviennent également bien pour le saumon, le brochet, la perche, l'ombre et le chevenne; mais pour le brochet on devra remplacer le crin de Florence par un fil de laiton tressé double. Nous avons cru devoir décrire avec quelques détails ces différents modes de pêche s'appliquant aux poissons plus haut cités, en traitant l'histoire de la truite. Nous parlerons maintenant de la pêche de ce poisson avec la mouche naturelle ou artificielle, un des modes de pêche les plus agréables, et peut-être le plus difficile de tous.

La truite comme le saumon, la perche, le brochet, l'ombre et le chevenne, est à la fois un poisson de fond et de surface.

Par les temps d'orage, ce poisson, de même que les salmonidés de sa race, se tient à la surface des eaux, prêt à bondir sur les insectes ou les mouches entraînés par la pluie ou le vent, et s'élance hors de l'eau pour s'en emparer.

En observant ces habitudes, on a été conduit naturellement à imiter la nature et à lui lancer à la surface de l'eau les mouches ou insectes naturels ou imités dont elle fait sa proie.

C'est ce qu'on nomme la pêche à la volée ou pêche à la mouche.

Pêche aux insectes ou mouches naturelles. — Pour pêcher avec des insectes naturels, on se sert du scion le plus élastique et on met un bas de ligne de 1 mètre 50 centimètres de long, garni d'un hameçon numéros 5 à 8, sans plomb ni flotte bien entendu; on enferre sur cet hameçon des hannetons, sauterelles, grillons, mouches, chenilles ou papillons, de toute couleur et de toute espèce, en ayant soin d'enlever aux hannetons leurs élythres, aux sauterelles leurs pattes et aux mouches leurs aiguillons; on promène ensuite l'amorce à la surface de l'eau, le long des rives, sur l'écume des courants, en tâchant de lui donner l'apparence de l'insecte qui, tombé à l'eau, se débat et va se noyer.

Le poisson à l'affût bondit sur cette proie si facile à saisir en apparence, mais c'est le contraire qui arrive et c'est le poisson qui s'accroche. Des appâts naturels si fragiles à manier, au toucher désagréable, et dont on manque souvent au meilleur moment, on a été amené logiquement aux appâts artificiels, et on a essayé d'imiter la nature, l'essai a parfaitement réussi. Mais on a créé des insectes et des mouches pour chaque saison, chaque jour et chaque heure de la journée, et on a même inventé pour certains poissons, qui n'en ont goûté et n'en goûteront jamais, des créations fantastiques.

Désirant vous épargner, comme je vous l'ai déjà prouvé, l'acquisition d'un cabinet d'histoire naturelle portatif, je vais tâcher de vous indiquer la manière de fabriquer vous-même vos amorces artificielles, et cela à bon marché.

Prenez un crin de Florence et garnissez-le d'un hameçon irlandais sans palette, des numéros 8 à 12 à votre choix et selon la grosseur du poisson que vous espérez capturer : laissez ensuite de toute leur longueur les extrémités de la soie poissée ayant servi à attacher l'hameçon; procurez-vous quelques-unes de ces longues plumes effilées et multicolores données aux coqs pour cravates; fixez l'une d'elles par sa base à la tête de l'hameçon au moyen de deux ou trois tours de soie, puis tournez cette plume en la prenant par sa pointe autour de la tête dudit hameçon et attachez fortement l'extrémité de la plume : vous aurez déjà créé quelque chose ressemblant à une chenille ou aux nombreuses pattes ou antennes des mouches ou insectes.

Ce quelque chose, cet appât, si informe qu'il soit, sera déjà excellent. Mais si vous désirez faire mieux encore, détachez d'une plume de canard, de pintade ou de perdrix, deux petits fragments que vous fixerez au sommet de l'hameçon, après les avoir séparés par un ou deux tours de soie, vous aurez alors les ailes de la mouche dont vous aviez le corps et les pattes.

Votre mouche ou insecte fini, fabriqué de vos mains, ne sera pas digne des honneurs d'un musée ou des vitrines d'un marchand : elle n'existera sans doute nulle part en réalité dans la nature, et néanmoins cette création inachevée, invraisemblable, prendra autant et plus de poissons que les insectes de collection classés, étiquetés et numérotés sur cartes avec leurs noms en latin ! En prendrait-elle moins encore, ce qui ne sera pas, qu'elle vous plairait davantage en sortant de votre fabrique personnelle.

La difficulté de cette pêche consiste dans le lancer; l'insecte de votre ligne doit aller tomber à la place fixée par votre œil et tomber naturellement comme projeté par le vent, puis se débattre et se noyer.

Toute la difficulté est là.

Pour parvenir au succès, il faut s'exercer avec patience et pendant longtemps.

Mais une fois arrivé à bien lancer votre mouche il ne vous restera, pour souvent réussir, qu'à mettre en pratique les règles suivantes :

Pêcher dans les eaux limpides avec des mouches foncées, et dans les eaux nuageuses, avec des mouches de couleurs claires.

Ne vous mettre en campagne en temps ordinaire que dans l'après-midi et pêcher jusqu'à la nuit noire en vous servant de mouches blanches aussitôt que le soleil baissera à l'horizon.

Pêcher dans les eaux calmes par le vent et l'orage et dans les courants par le temps calme. Si vous savez joindre à ces recommandations l'usage constant du moulinet, du sang-froid et l'observation des faits naturels, vous aurez justifié vos aptitudes instinctives et d'élève vous passerez professeur à votre tour.

Mais souvenez-vous bien de cette vérité : *C'est que l'on peut devenir pêcheur à la ligne, mais que l'on naît pêcheur à la mouche.* Si au bout de vos premiers essais vos progrès ne sont pas rapides, croyez-moi, renoncez à ce genre de pêche, et revenez à la ligne au bouchon avec le classique asticot.

On pêche encore la truite aux lignes de fond, au trident, au feu, à la hotte, à la main, au fusil, dans presque tous les filets connus et... au plat. Si vous désirez connaître à fond ces différentes pêches, vous vous rendrez chez l'éditeur de ce petit livre, intitulé la *Truite,* qui vous fournira tout ce que vous aurez envie de savoir sur ce poisson, moyennant un prix modéré.

Je n'ose pas écrire plus longtemps encore sur ce sujet ; je crois l'avoir traité assez complétement pour le cadre de ce livre : si j'ai dépassé la mesure ce n'est pas ma faute, c'est celle du poisson ; j'ai pour la truite vivante ou cuite une prédilection des plus marquées, je l'avoue en toute humilité : on n'est pas parfait.

§ 3. — *L'ombre* (SALMO THYMALLUS).

Ce poisson doit son nom à la rapidité de ses mouvements, à peine on l'a entrevu que déjà il a disparu... comme une ombre.

Il recherche les eaux vives, aux courants rapides : sa tête, ses branchies et son dos sont bruns nuancés de noir, les flancs et le ventre sont teintés de bleu et de blanc : sa nageoire dorsale, fort grande pour sa taille, est redressée comme celle de la perche.

L'ombre se nourrit de vers, petits poissons, mouches et insectes : il fraie à la fin de mai.

Il dépasse rarement une longueur de 25 centimètres et un poids de 400 à 500 grammes.

Sa chair saumonée et presque sans arêtes ressemble beaucoup à celle de la truite.

Ses habitudes sont les mêmes que celles de ce poisson, et on le pêche de la même manière. Mais on doit tenir compte de sa vue perçante et rester loin des bords de la rivière. Les eaux limpides qu'il habite ne permettent la pêche au ver et au poisson vif qu'après les pluies d'orage qui les obscurcissent, ou par les grands vents.

Pour pêcher ce poisson à la volée et à la mouche, on doit se servir des bas de ligne les plus fins, et des mouches ou moucherons les plus petits, montés sur hameçons 10 à 12.

On le prend aussi à l'épervier, par les eaux bourbeuses et avec différentes sortes de filets.

§ 4. — *Le brochet* (ESOX LUCIUS).

Le brochet est le plus vorace de nos poissons de rivière et d'étang et on l'a surnommé le requin des eaux douces : sa bouche, ou plutôt sa gueule, couverte, ainsi que le palais et la langue, de plus de 700 dents fixes et mobiles ou adhérentes à la peau, est une excuse pour sa gloutonnerie, et un semblable arsenal impose des obligations; d'ailleurs le brochet atteint le but pour lequel il a été créé : sa mission est de débarrasser les cours d'eau de leur excédant de population et, de concert avec l'écrevisse et l'anguille, de faire disparaître les débris d'animaux qui pourraient en altérer la pureté.

Ainsi organisé le brochet s'attaque non-seulement aux fretins de toute espèce, y compris ceux de sa race, mais aux plus gros poissons et même à la perche qu'il blesse grièvement et qu'il dévore lorsqu'elle est morte de sa blessure. Il se nourrit aussi de grenouilles, de souris, de couleuvres d'eau, de petits canards et de tous les débris d'animaux qu'il rencontre.

Il ne recule que devant un seul poisson, l'épinoche, et c'est le plus petit des fretins! quelle leçon!

Le temps du frai chez le brochet dure pendant deux mois, février et mars, et c'est à trois ans seulement que les femelles sont aptes à se reproduire : elles déposent leurs œufs sur des pierres ou sur des plantes aquatiques, dans le voisinage des bords.

Par les jours de soleil, au moment du frai, les brochets viennent jouer et se poursuivre par trois ou quatre à la fois, tellement près des rives des étangs qu'ils s'y échouent quelquefois et qu'il est facile de les assommer à coups de bâton, ou de les tuer à coups de fusil.

Les œufs du brochet passent pour être un

poison violent au dire de certains auteurs, et au dire des autres pour un mets aussi médiocre qu'inoffensif; dans le doute il vaut mieux s'abstenir, à moins de se livrer à des expériences personnelles par dévouement pour la science.

Ces œufs en tout cas ne sont pas digestibles, car les oiseaux de marais qui en mangent les rendent intacts et vont peupler ainsi au loin des étangs qui n'en contenaient pas : c'est l'explication donnée par la science de son apparition subite dans les étangs. Sa croissance est extrêmement rapide dans des eaux poissonneuses, et on prétend qu'un brochet du poids de 500 grammes mis avant l'hiver dans un étang bien peuplé, peut croître de 500 grammes par mois pendant l'été suivant : mais parvenu au poids de 3 kilog., il met beaucoup plus de temps pour arriver à peser 5 kilog. qu'il ne lui en a fallu pour parvenir à 3 kilog. et cela en consommant beaucoup plus. D'après l'auteur d'un ouvrage de pisciceptologie un brochet d'étang d'une valeur de trois francs aurait consommé, pour arriver à cette valeur, pour plus de quarante à cinquante francs de poissons! Je me suis demandé naturellement où pouvait être le bénéfice de cette spéculation.

Je le cherche encore et désespère de le découvrir.

On pêche le brochet à la ligne à soutenir et aux lignes dormantes. On lui fait aussi la guerre avec plusieurs sortes de filets, et particulièrement avec la senne et l'épervier : on le prend encore avec des collets ou nœuds coulants en laiton lorsqu'il vient se placer à la surface des eaux, ou on le tue à coups de fusil. Mais dans certaines contrées, on le chasse à la flèche.

Cette flèche barbelée est entourée d'une ficelle qui se déploie au départ et permet de ramener au bord le poisson frappé : on se sert pour la lancer soit d'une arbalète, soit d'un fusil, mais il faut avoir soin de viser le poisson en avant à une fois ou une fois et demie de sa longueur, pour l'atteindre à la place où il est réellement.

La meilleure époque pour la pêche du brochet est comprise entre septembre et janvier.

Pour la pêche au coup ou à soutenir à la main on se munit de ses ustensiles les plus solides, et d'un moulinet, puis on prend un hameçon double des numéros 00 à 3, suivant la grosseur présumée du poisson : ces hameçons doubles devront être montés sur une corde de guitare de 33 centimètres de longueur et le tout solidement attaché, car le brochet, lorsqu'il se sent pris, fait les plus violents efforts pour se dégager, et il pourrait tout casser.

On prendra ensuite une flotte en liége de bonne grosseur pour maintenir le poisson amorcé entre deux eaux, et on placera un plomb numéro 5 sur l'empile pour l'empêcher de rester à la surface, puis on amorcera avec des petits poissons vivants tels qu'ablettes, goujons, gardons, chevennes, vérons, en les plaçant de manière à leur laisser la liberté de leurs mouvements, et à les conserver vivants le plus longtemps possible.

On devra maintenir autant de distance entre l'hameçon et la flotte qu'entre l'hameçon et le fond, ou, pour mieux dire, pêcher entre deux eaux, sauf par les journées chaudes où sur les onze heures du matin on peut prendre le brochet à la surface.

L'appât devra être jeté auprès des bancs d'herbe dans les dormants, à côté des eaux courantes et là où on le supposera embusqué : lorsqu'il chasse, ce qui est facile à remarquer en voyant les fretins et les poissons s'éparpiller en bondissant au-dessus de l'eau, on lui jettera l'appât en avant.

Il s'élancera avec violence et s'emparera du poisson en s'éloignant, ce sera le moment de le laisser aller un peu et on ne devra piquer que lorsqu'il aura eu le temps de l'avaler ; on le fatiguera alors avec le moulinet, et on finira par le mettre au panier.

Il n'est pas rare de prendre plusieurs brochets au même endroit, à quelques moments d'intervalles, surtout avant et pendant le moment du frai.

Pour la pèche aux lignes dormantes, on doit choisir de fortes ficelles et les fixer solidement à un piquet enfoncé dans la rivière : on y attache des hameçons doubles empilés sur cordes de guitare en les espaçant à 1 mètre de distance, et on les amorce avec des petits poissons. Nous ne donnerons pas de détails sur les autres modes de pêche du brochet dont nous avons indiqué les noms, puisque nous n'avons ici qu'à nous occuper de la pêche à la ligne.

Ce poisson avale quelquefois sa proie avec tant de gloutonnerie qu'il ne se donne pas la peine de la mâcher et qu'au bout de quelque temps on la retrouve dans son estomac donnant encore quelques signes de vie.

Il m'a été affirmé par des témoins dignes de foi (ils n'étaient pas pêcheurs), qu'un brochet pris au filet et ouvert peu de temps après, avait donné le jour à une tanche engloutie dans son estomac, laquelle tanche, respirant encore, fut mise dans un bassin et se porta parfaitement, malgré ses émotions, jusqu'au jour de sa friture.

En terminant l'histoire de notre poisson, nous ajouterons qu'il pourrait atteindre un poids considérable et des dimensions gigantesques si l'homme ne s'y opposait pas.

On lui attribue également une longévité extraordinaire. Je ne sais si c'est heureux pour lui, mais c'est bien effrayant pour les autres!

§ 5. — *Le chevenne* (CYPRINUS JESES).

Le chevenne appelé aussi chevanne, chevanneau, juerne ou meunier, fait partie de la famille des poissons blancs, mais parvient souvent à un poids considérable, jusqu'à 5 kilog. par exemple; son poids ordinaire est de 1 à 2 kilog.

Ses écailles sont bleuâtres sur le dos et argentées sur le ventre avec quelques points jaunes sur les côtés indiquant la ligne latérale : les nageoires anales et ventrales sont d'une teinte violette : la nageoire dorsale est bleuâtre et la caudale bordée de bleu.

Le chevenne fraie à la fin de mars sur les fonds de sable, il multiplie beaucoup, mais il est lent à croître : il se tient ordinairement à fleur d'eau et fait sa nourriture de mouches ou insectes volant à sa surface, mais il est également poisson de fond, surtout par les vents froids du nord et de l'est.

Sa chair est blanche et d'assez bon goût, mais remplie d'arêtes.

Pour pêcher ce poisson, on devra employer

les vers rouges pendant les mois d'avril et de mai, et des vers de viande, des cerises et des grains de raisin; pendant l'été et l'automne on pêchera au sang caillé et avec des morceaux de cervelle de cheval ou de pain de cretons.

Au printemps on le cherchera dans les courants, et à ce moment il mordra bien au poisson vif, et même au poisson tournant, naturel ou artificiel.

Depuis la fin de septembre jusqu'en mai, on le trouvera dans les eaux profondes blotti sous les sous-rives et les racines des arbres, guettant au passage le fretin imprudent.

A la pêche à la mouche naturelle ou artificielle on devra se tenir loin du bord, et lancer sa ligne au large, car le chevenne a la vue si perçante que l'ombre même d'un oiseau passant au-dessus de la rivière le fait fuir et plonger avec la rapidité d'un flèche.

Le chevenne, comme la truite, a la bouche très sensible, et on doit prendre beaucoup de précautions pour ne pas la déchirer lorsqu'on est forcé de l'enlever depuis une berge escarpée.

§ 6. — *La vandoise* (CYPRINUS LENCISCUS).

La rapidité de la nage de la vandoise lui a fait donner également le nom de dard : son dos est brun, le ventre blanc, et les nageoires grises ; sa taille ne dépasse pas 30 centimètres.

Il est commun en France dans tous nos cours d'eau.

La vandoise fraie en juin et dépose ses œufs sur les herbages : elle multiplie considérablement, mais sa chair d'un goût médiocre n'est mangeable qu'en friture avec d'autres espèces.

Sa nourriture consiste en vers et en insectes, et sa pêche est la même que celle du gardon.

§ 7. — *L'ablette* (CYPRINUS ALBURNUS).

L'ablette est un poisson très commun en Europe : sa taille varie de 8 centimètres à 15 centimètres. Ses formes aplaties s'élargissent vers le ventre, sa tête petite et pointue est plate en dessus, son dos d'un vert bleuâtre et ses flancs d'un gris argenté.

Ses écailles nacrées servent à produire l'essence d'Orient avec laquelle on fabrique les fausses perles.

Ce poisson fraie en mai, multiplie beaucoup et recherche les eaux vives.

On pêche l'ablette avec un bas de ligne très fin de 1 mètre de long terminé par un hameçon numéros 10 à 12.

On amorce avec des asticots, des petits vers rouges, des mouches naturelles, des boulettes de mie de pain ou de pâte préparée avec des jaunes d'œufs, de la farine et du fromage de Gruyère.

On doit pêcher de surface sans plombs ni flottes et piquer à la moindre attaque.

Cette pêche toujours productive se fait pendant tout le jour de mars en novembre, c'est par elle que devront débuter les jeunes pêcheurs, car l'ablette est de bonne composition et mord toujours au premier hameçon venu.

Mais elle n'est bonne en friture qu'avec des goujons : on mange les premiers et on offre les autres.

CHAPITRE IV

DES TEMPS FAVORABLES POUR LA PÊCHE

Vous devez maintenant connaître à fond les habitudes et les différents modes de pêche de nos poissons de rivière; il me reste à vous parler des temps favorables.

Le poisson n'a pas faim tous les jours, il a ses moments d'appétit et de satiété.

De votre côté vous n'avez pas la faculté de choisir vos jours de pêche puisque le dimanche seul vous est accordé.

Il s'agit donc de tirer le meilleur parti possible de la journée dont vous disposez.

S'il neige, ou s'il pleut à verse, vous ferez bien de rester à la maison et de fabriquer ou réparer vos ustensiles pour la belle saison; s'il fait beau et que le soleil se montre, vous pouvez vous mettre en campagne.

S'il vente du nord ou de l'est, le poisson

restera au fond de l'eau à l'affût et ne remontera à la surface que pour jouir d'un rayon de soleil ou saisir un insecte. Il en sera de même pour les vents nord-est.

Si ces vents durent quelques jours, il reprendra ses habitudes, car il y est forcé par la nécessité de trouver sa nourriture.

Mais dès que le vent tournera au midi ou à l'ouest, notre poisson changera d'allures.

Sentant l'orage venir et avec lui la pluie et le vent, il quittera le fond pour revenir chasser à la surface.

En étudiant ses habitudes on est parvenu à connaître exactement le moment favorable pour chaque genre de pêche.

La pêche au ver, aux vérons morts ou vifs, naturels ou imités, devra se faire le matin et le soir.

La pêche de surface ou à la volée, aux mouches naturelles ou artificielles, depuis les onze heures du matin jusqu'à la nuit noire.

Pendant l'hiver et le commencement du printemps, le poisson se tient près des sources, le long des berges abritées du vent et exposées au soleil.

Pendant les chaleurs de l'été et les basses

eaux, il se tiendra caché au contraire au milieu des bancs d'herbes, sous les ponts et les sous-rives, à l'ombre et à l'affût.

Souvenez-vous aussi que pêcher par les temps d'orage et en eau trouble, c'est pêcher à coup sûr.

Mais si la grêle vient à tomber vous devez plier bagage au moins pour quelques heures, car la grêle vicie l'eau, et le poisson ne mord plus.

En observant avec attention ces règles reconnues, vous pourrez réussir habituellement... Je ne dis pas toujours, car ce mot n'existe pas plus à la pêche qu'à la chasse, et cela est fort heureux : le succès persistant, continuel, amènerait certainement, chez les pêcheurs ou les chasseurs, la satiété absolue; le poisson et le gibier s'en consoleraient sans aucun doute, et cependant leur destinée, d'après le dire de l'homme, est d'arriver les uns dans la poêle et les autres à la broche ; il vaut donc mieux rentrer bredouille et le panier vide de temps à autre, que de réussir toujours, et tout est pour le mieux dans le meilleur des mondes.

CHAPITRE V

PRÉPARATION DES PATES D'AMORCE

On m'a demandé instamment des recettes pour faire les pâtes d'amorces. Je me suis livré sur cette matière à des recherches assidues et je vais décrire les meilleures :

Prenez de la grosse farine de seigle, du miel, du fromage de Gruyère coupé en très petites tranches, trempé dans du lait pendant vingt-quatre heures, et pressé entre deux linges pour le sécher. On ajoute du chenevis pilé et on pétrit le tout dans une petite quantité de farine, et on l'augmente jusqu'à ce que la pâte soit assez dure pour tenir et rester à l'hameçon. Cette pâte est excellente et convient à tous les poissons. Mais pour l'empêcher de se dissoudre trop vite dans l'eau, il faut l'enduire d'un corps gras; on se sert pour cela d'huile d'amandes douces : on y ajoute 10 gouttes d'extrait d'absinthe, autant d'extrait de camomille, une pincée de poudre de cumin, et 10 centigrammes de civette. On mélange le tout dans un mortier et on place cette huile préparée dans une petite bouteille à large goulot dans laquelle trempera la boulette et l'hameçon : avec cette précaution la pâte ne fondra plus dans l'eau et pourra y rester pendant un bon quart d'heure et recevoir plusieurs attaques du poisson. (*Manuel Roret.*)

Voici une autre recette, bonne pour la plupart des poissons d'eau douce : prenez un morceau de mie de pain cuit la veille, et trempez-le dans l'eau, puis pétrissez-le jusqu'à ce qu'il soit dur et gluant ; ne faites votre pâte qu'au moment de vous en servir, pour qu'elle ne s'aigrisse point. On peut colorer cette pâte avec un peu d'ocre rouge. On fait aussi avec un morceau de mie de pain tendre, trempé dans du miel, un excellent appât pour la carpe, la tanche, le gardon et le chevenne. On le pétrit avec les mains jusqu'à ce que la pâte ait acquis assez de consistance pour pouvoir tenir à l'hameçon. (*Traité de MM. René et Liersel.*)

Nous ne décrirons que ces pâtes d'amorce, et nous laissons de côté toutes les formules, recettes, liqueurs encombrant les manuels ou les ouvrages de pêche. Nous ajouterons seulement qu'il est très avantageux, la veille du jour où l'on désire pêcher, de jetter des boulettes d'amorces dans les places choisies, car le lendemain, de grand matin, on trouvera l'endroit amorcé entouré de nombreux poissons attirés par le repas de la veille, et dont ils recherchent encore les débris.

Des pelottes de terre glaise, garnies d'asticots ou de vers rouges, sont très productives; on doit les jeter au moment de pêcher, au-dessus de la place choisie, afin que le courant les ramène vers le pêcheur.

J'ai terminé la description de tout ce qui pouvait vous être utile, et vous n'avez plus qu'à mettre en pratique la théorie pour goûter en paix les émotions si variées et si vives de la pêche à la ligne.

Mais vous n'êtes pas toujours seul au bord de la rivière, et souvent vos enfants vous accompagnent; ils commencent ordinairement par vous regarder faire et s'amusent pendant quelque temps à décrocher vos poissons et à les mettre au panier avec des transports de joie.

A la longue, ils s'ennuient de jouer toujours au même jeu, et vous quittent, les uns pour aller faire des ricochets, les autres pour cueillir des fleurs; je vais vous indiquer un charmant moyen de les occuper près de vous, c'est de les faire pêcher à leur tour, d'autant plus qu'il est probable que le désir leur en viendra, et vous serez obligé d'entrer en pourparlers à cet égard.

Ayez donc l'adresse de prévenir leur demande, et offrez-leur solennellement une bouteille à vérons.

Je vais, dans le chapitre suivant, vous indiquer la manière d'en faire usage.

CHAPITRE VI

PÊCHE A LA BOUTEILLE

On fait fabriquer dans une verrerie une bouteille de verre blanc double de 0m50 de hauteur sur 0m20 à 0m25 de diamètre ; le goulot, qui devra être court, n'aura pas plus de 0m06 de diamètre.

Le fond de la bouteille sera fait comme dans les bouteilles ordinaires en forme de cône, mais la pointe de ce cône sera percée d'un trou de 0m03 d'ouverture.

On mettra quelques pincées de son ou des morceaux de pain de chenevis grillés sur le feu, au fond de la bouteille, et on la bouchera avec un liége percé au milieu et dans lequel on introduira un tuyau de plume ouvert aux deux bouts.

On attachera ensuite solidement au goulot une longue et forte ficelle, puis on couchera la bouteille au fond de la rivière au bas des courants, à quelques pieds de profondeur, en ayant soin que l'ouverture du fond soit tournée du côté d'où vient l'eau.

Des parcelles de son sortent de la bouteille entraînées par le courant, les fretins s'en emparent et remontent en suivant la trace de cette largesse inattendue; arrivés jusqu'à la bouteille, ils aperçoivent le son à travers les parois transparentes, et s'efforcent naturellement d'y pénétrer; l'un d'eux finit par trouver l'entrée; une fois entré, il ne peut plus sortir et se livre aux mouvements les plus désordonnés; ces mouvements extraordinaires entraînent de nouvelles parcelles de son et attirent autour de la bouteille une foule curieuse et gourmande; tout ce petit monde veut entrer à la fois, et la procession commence; au bout de peu d'instants la bouteille est pleine, on la vide, on amorce de nouveau et ôn recommence la même opération. On prend ainsi des fretins de toute espèce, et si on désire les conserver vivants, on les met à mesure dans un seau, dont on renouvelle l'eau.

Cet engin, ressemblant beaucoup à une

nasse, est formellement interdit par la loi, mais comme il est très commode pour se procurer rapidement une friture ou des amorces vives, on oublie la loi, et le mal n'est pas bien grand. D'ailleurs ne faut-il pas que tous les enfants s'amusent? n'est-ce pas leur droit?

CHAPITRE VII

LA PÊCHE AU GRELOT

Cette pêche a été inventée par les paresseux ou par les gens très occupés, je ne sais lesquels, mais elle offre certainement cet avantage incontestable de pouvoir pêcher d'une manière productive, tout en causant ou lisant son journal à l'ombre, sans être obligé d'avoir l'œil toujours fixé sur ses lignes, puisqu'on est prévenu de l'attaque du poisson par le son du grelot attaché à la ligne.

Voici en quoi elle consiste : la ligne est montée sur un plioir en forme de poulie horizontale et tournant sur un piquet enfoncé en terre. Ce plioir contient 25 à 30 mètres de cordeau se déroulant à mesure que le poisson qui a mordu à l'hameçon s'éloigne et veut gagner au large; mais un petit ressort portant le grelot est ébranlé à chaque tour que fait le plioir, par une vis placée sous celui-ci; en même temps le grelot, secoué par le ressort, se fait entendre. Le pêcheur, averti par la musique, accourt vers sa ligne et surveille sa proie. Ordinairement le poisson, fatigué par la demi-résistance opposée par le ressort au mouvement du plioir, revient vers le bord : le pêcheur profite de cette nouvelle évolution pour remployer sa ligne, enfin lorsqu'il juge les forces du poisson épuisées, il prend sa ligne en main et l'attire vers le bord, au-dessus de l'épuisette.

On peut placer plusieurs piquets à grelots sur la rive, à la condition de les tenir éloignés les uns des autres de 8 mètres au moins, mais il faut donner à chacun des grelots un son différent pour reconnaître facilement celui qui vient de sonner. (*Traité de Pêche,* de MM. René et Liersel.)

Ainsi, en ayant sept grelots d'un son différent, comme les sept notes de la gamme par exemple, on pourrait, dans une rivière très poissonneuse, si par hasard les poissons mordaient tous à la fois, entendre tout à coup les airs les plus bizarres et les plus inattendus ?

Quel tableau! et l'on dira et viendra imprimer que le poisson craint le bruit! Il paraît que cet engin de pêche produit des résultats prodigieux et des captures extraordinaires : vous allez en juger vous-même par l'anecdote suivante : elle est authentique, et je vous la garantis telle.

« Un négociant de Paris était en marché « avec un Anglais grand amateur de pêche « pour lui louer une maison de campagne « située sur les bords de la Marne ou de la « Seine : le prix demandé par le propriétaire « paraissait trop élevé au noble insulaire, et « le marché traînait en longueur, lorsque le « Parisien emmena notre Anglais visiter la « propriété une seconde fois; il lui fait admirer « la situation exceptionnelle sur les bords « de la rivière, profonde et poissonneuse : « En cet endroit, disait-il, on prend souvent « à la ligne au grelot des pièces magnifiques. « Puis on va déjeuner; à la troisième bouteille « de champagne le jardinier s'engouffre tout « effaré dans la salle à manger en s'écriant « que le grelot de la ligne de fond sonnait à « tout casser! Les convives sortent de table « brusquement et courent sur le bord de la

« rivière, où le grelot attaché au piquet se « livrait en effet aux tintements les plus effrénés! on prend la ligne avec précaution « on l'amène doucement au bord et on trouve « accrochée à l'hameçon une magnifique « carpe de 6 kilog.! vous voyez d'ici la joie « des convives et l'enthousiasme de notre « Anglais, rapportant lui-même dans ses « bras ce magnifique poisson. Il est inu- « tile d'ajouter que le marché fut conclu « séance tenante au prix demandé par le pro- « priétaire, et que notre Anglais s'installa « immédiatement dans ce cottage où l'on « pouvait prendre de si belles pièces! L'his- « toire ne dit pas s'il fut heureux dans ses « pêches, mais elle raconte tout bas que la « carpe était venue non pas des profondeurs « de la rivière, mais tout simplement, et le « matin même... de la halle aux poissons, « dans la voiture qui avait amené les deux « convives, puis accrochée par le jardinier à « l'hameçon pendant que sautaient les bou- « chons de champagne! »

J'avais bien raison de vous dire que ce mode de pêche amenait des captures étranges puisqu'un... Anglais y fut pris!

CHAPITRE VIII

PÊCHE AUX ÉCREVISSES

Il y a bientôt trente ans, dans une petite ville dont je tairai le nom, les juges d'un grave tribunal déclarèrent, dans les considérants d'un jugement, « que « l'écrevisse était un petit poisson rouge, « nageant à reculons ! »

Cette définition n'était nullement conforme aux données fournies par la science, car l'écrevisse n'est pas un poisson, ne devient rouge que par la cuisson, et ne marche à reculons que pour fuir un danger, en rampant devant lui et lui opposant ses pinces.

L'écrevisse (ASTACUS FLUVIATILIS) est un crustacé très abondant dans presque tous les cours d'eau. Sa chair, savoureuse et d'un goût fin dans les eaux vives et courantes, est médiocre dans les eaux stagnantes et les étangs.

La forme de l'écrevisse est assez connue pour qu'il ne soit pas nécessaire de la décrire minutieusement, nous nous bornerons seulement à faire remarquer la forme demi-globulaire de ses yeux pouvant rentrer et sortir de leur orbite comme les tubes d'une lunette d'approche, et les anneaux de sa queue garnis en dessous de filets servant à retenir ses œufs.

Ces œufs, en sortant de l'ovaire, sont attachés à des fils que l'écrevisse fixe, en repliant fortement sa queue, à l'un des nombreux filets qui la garnissent; ils sont assez nombreux, d'un brun rougeâtre et forment la grappe.

Les petites écrevisses sortent de l'œuf avec leur forme parfaite, mais elles restent blotties pendant une douzaine de jours sous la queue maternelle, et n'abandonnent cet asile qu'en grandissant.

Tous les ans, notre crustacé quitte sa cuirasse ou son test, pour en prendre une plus large. Ce changement, qui s'opère en peu de jours, facilite son accroissement, qui ne pourrait avoir lieu s'il demeurait enfermé dans une enveloppe de même dimension.

Les membres de l'écrevisse se reproduisent d'eux-mêmes, lorsqu'ils ont été séparés par un accident ; ainsi une patte cassée tombe entièrement et repousse dans un délai assez court.

La nature, en dotant l'écrevisse de cette précieuse faculté, aurait-elle voulu favoriser notre goût pour la chair ferme et savoureuse à la fois de cette partie de l'animal ? Je n'ose pas l'espérer, car ce serait l'excuse de notre gourmandise, et ce péché capital, mais si naturel, deviendrait alors un péché véniel.

Mais, comme l'amputation de la queue, au contraire, est presque toujours mortelle pour l'écrevisse, et que cette partie, la meilleure au goût, ne repousse pas, malheureusement, il faut en conclure que nous ne pouvons pas tout deviner, que mon explication est mauvaise, et que la nature a ses secrets ; tout en essayant de les découvrir, sachons profiter de ceux qu'elle nous a permis de surprendre.

Il existe plusieurs variétés d'écrevisses, que l'on reconnaît à la couleur de leurs pattes : celles de la Meuse, à pattes bleues, sont habituellement très grosses et recherchées, mais la variété à pattes rouges est la plus estimée de toutes; dans les eaux à leur convenance, elles multiplient énormément, mais il est difficile de repeupler un cours d'eau, où elles n'existent pas..... depuis le déluge, au moins. Comme nous l'avons dit plus haut, dans un chapitre précédent, l'écrevisse est le grand nettoyeur des eaux douces, et, de concert avec l'anguille et le brochet, elle fait disparaître les débris animaux qui pourraient en altérer la pureté. Tout ce qui vit ou a vécu lui sert de nourriture : grenouilles, petits poissons, insectes, vers, chairs vives ou en putréfaction, tout lui est bon ; elle n'épargne pas même ses propres enfants. Le chabot seul est à l'abri de ses attaques, au dire des auteurs, mais par quels motifs? on les cherche encore, à ce qu'il paraît.

Pendant l'hiver, elle reste blottie au fond de son trou et se contente de peu de nourriture.

Les écrevisses peuvent vivre assez longtemps au dehors de l'eau, et lorsqu'on veut les conserver vivantes, on doit les mettre dans un vase profond, sans eau et en tas, dans un endroit frais.

En les plaçant, au contraire, dans de l'eau, même renouvelée fréquemment, elles meurent au bout de quelques heures.

Comment expliquer cette anomalie singulière? il paraît qu'on ne l'explique pas. Cela est ainsi, voilà tout.

Ce n'est qu'au bout de la quatrième année que l'écrevisse est bonne à manger, et qu'elle commence à prendre une taille respectable. Malheureusement, on n'a pas la patience d'attendre, et au lieu de laisser grandir en liberté les petites, on va les prendre jusque sous la queue maternelle, et on en inonde les marchés.

La pêche et la vente de ces embryons devraient être formellement interdites : on s'en occupera, j'en suis certain..... quand la race aura disparu; mais il vaudrait mieux conserver que repeupler, c'est plus facile.

On pêche les écrevisses à la main, au fagot, à la solive, dans des nasses et avec des balances ou des tambours.

Nous allons décrire rapidement chacun de ces modes de pêche :

La pêche à la main se fait de jour et de nuit. Celle de jour consiste à chercher les écrevisses sous les pierres, ou dans les trous leur servant d'abri et placés de 10 à 20 centimètres au-dessous du niveau de l'eau : on doit chercher à les saisir par le milieu du corps et ne pas retirer la main si l'on veut éviter d'être saisi par les pinces.

La pêche de nuit se fait au flambeau, ou plutôt à la lanterne, par un temps chaud et orageux : on voit alors les écrevisses se promener au fond de l'eau sur le sable, et il est facile de s'en emparer, à ce qu'il paraît : il est bien entendu que pour pêcher à la main, on doit mettre *les pieds* et *même les jambes dans l'eau,* ou bien se munir de fortes bottes de marais parfaitement imperméables : malheureusement elles sont rares, et comme le dit spirituellement M. d'Houdetot dans un de ses ouvrages, ne préservent jamais de l'eau... qui entre par la cravate !

La pêche au fagot se pratique avec un fagot tout naturellement, mais avec un fagot fabriqué de menues branches d'arbre, bien rameuses et tortues : on desserre les liens du fagot et on introduit au milieu des branches des débris d'animaux ou des morceaux de viande crue ou en putréfaction (j'aime mieux la viande crue), et on y ajoute deux ou trois grosses pierres pour faire descendre le fagot au fond de l'eau.

On le laisse ainsi pendant une nuit ou deux et on va le retirer à l'aube du jour; il est ordinairement fort bien garni d'écrevisses embarrassées dans les branches et les épines, on les enlève, on amorce de nouveau et on replace le fagot.

La pêche à la solive consiste à placer tout simplement au fond de l'eau une pièce de bois de 2 à 3 mètres de long, percée d'un bout à l'autre d'un trou rond de 8 à 10 centimètres de diamètre; les écrevisses y entrent, s'y installent et finissent par en occuper toute la longueur : au bout de quelques jours on retire la solive de l'eau, on la débarrasse de ses habitants et on la rejette ailleurs, près des berges les mieux garnies de trous.

Pour *la pêche aux nasses* on prend de petites nasses en osier longues de 50 centimètres sur 35 de largeur et munies d'une entrée à chaque bout : on amorce les nasses avec des débris de viande et on les place au pied des berges, sous les racines des arbres et près des rochers, chaque matin au jour on visite les nasses, on retire les captives, et on renouvelle les appâts.

La pêche aux balances ou aux tambours est la plus usitée habituellement.

On se procure une douzaine de filets plats montés sur des cercles de fer de 35 à 40 centimètres de diamètre; ce sont les balances simples, les balances doubles diffèrent de celles-ci par un rebord en filet de 10 centimètres de hauteur placé au-dessus du premier et garni également d'un cercle de fer semblable à celui des balances simples.

On suspend ces filets ou balances à trois ficelles espacées à distances égales autour du cercle supérieur, et réunies par un nœud à une corde attachée à une petite perche de 2 mètres de long.

On attache sur le second cercle ou le filet plat des morceaux de cœur de bœuf cru, ou une grenouille écorchée, ce qui vaut mieux que la viande en putréfaction... pour ceux qui les mangent, et on descend les balances au fond de l'eau le plus près possible des berges, puis on enfonce obliquement dans le sol la petite perche qui les soutient.

Les écrevisses attirées par l'appât arrivent

sur les balances : aussitôt qu'elles commencent à se garnir on les enlève brusquement; le second cercle, placé à plat sur le premier, se relève alors et formant rebord avec la partie du filet ajoutée au filet plat, empêche les captives de s'échapper, ce qui arrive avec les balances simples privées de rebords.

Douze balances suffisent pour occuper continuellement deux pêcheurs lorsque la rivière est poissonneuse.

Aussi, pour éviter les voyages continuels d'une balance à l'autre, on a inventé le *tambour,* espèce de verveux en filet, garni de trois cercles en fil de fer, ouvert à l'extrémité supérieure et fermé au fond par une poche dont le goulot vient se rattacher au cercle inférieur.

Avec cet engin, on n'est pas obligé de se déranger aussi souvent qu'avec des balances, et toute écrevisse venant à l'appât est infailliblement prise.

Il existe encore un moyen de faire une pêche plus productive, c'est de détourner complétement et pendant quelques heures le cours d'un ruisseau. Aussitôt que l'eau est écoulée, les écrevisses, les anguilles et les poissons se trouvent à sec et on n'a qu'à se baisser pour ramassèr ce dont on a besoin; mais ce moyen n'est pas toujours praticable et s'appliquerait difficilement à la rivière et surtout au fleuve : il est charmant... en théorie.

Il ne nous reste plus qu'à dire quelques mots de la dernière manière de pêcher les écrevisses... de la pêche au buisson : elle est généralement très-connue; aussi nous nous bornerons seulement à engager les amateurs à interdire d'une manière absolue l'emploi du vinaigre dans la cuisson des crustacés et à remplacer ce liquide désastreux par des oignons, du lard coupé en petits morceaux, un bouquet assorti, du sel, beaucoup de poivre et le meilleur vin blanc possible pour faire le court-bouillon.

J'ajouterai que le bouquet du vieux Bourgogne s'allie admirablement à la saveur des écrevisses et qu'un verre d'eau pure est le seul remède à employer pour enlever aux doigts l'odeur désagréable du crustacé : on est libre d'intervertir l'emploi des deux liquides.

CHAPITRE IX

PÊCHE AUX GRENOUILLES

La grenouille (RANA), par la délicatesse de sa chair blanche et savoureuse, mérite de tenir une place dans un traité de pêche, et de figurer sur les tables; cette opinion émise par les manuels de pêche et partagée par la masse des omnivores, est très accréditée en Angleterre où l'on croit généralement que les Français vivent de grenouilles et où l'on nous appelle les mangeurs de grenouilles.

La fâcheuse ressemblance de la grenouille avec le crapaud empêche beaucoup de personnes de faire usage de cet excellent mets : je le comprends, mais cependant il est facile de les distinguer l'une de l'autre : la grenouille commune et la grenouille rousse, les deux variétés comestibles, ont des couleurs très différentes de celle du crapaud; elles sont en outre plus allongées, leurs pattes de derrière sont très longues et leur museau plus pointu.

La grenouille a les allures vives et se livre à de très grands sauts lorsqu'elle est poursuivie, tandis que le crapaud marche lourdement et ne fait que des sauts très courts.

En toute chose c'est la foi qui nous sauve, et si croyant manger des grenouilles, on avait mangé avec appétit des crapauds bien accommodés, on n'en serait pas plus malade pour cela, seulement la désillusion pourrait avoir des conséquences désastreuses.

Que ne mange-t-on pas à Paris, par exemple, sous des noms très rassurants et très orthodoxes!

Les gibelottes et les civets sont composés plus souvent de chats que de lapins ou de lièvres, les filets de mouton passent pour du chevreuil, le cheval pour du bœuf, et réciproquement, etc, etc.

Ces mets bien préparés ne sont-ils pas consommés avec appétit et digérés convenablement?

C'est donc bien la foi qui nous sauve et l'imagination seule qui nous perd : mais revenons à nos grenouilles.

Les grenouilles nagent avec rapidité et leurs mouvements, disent les manuels, ont alors quelque ressemblance avec ceux de l'homme. Je les trouve infiniment plus gracieux, en général, chez la grenouille que chez l'homme, nageant habituellement avec bruit, lourdement et sans grâce, et les trois quarts du temps ne pouvant pas plonger. Il est vrai que le roi de la création, comme il s'intitule lui-même dans sa modestie, n'est pas destiné à vivre dans l'eau et qu'il ne l'aime pas assez... dans beaucoup de circonstances, malheureusement pour les autres.

Lorsqu'il fait beau les grenouilles se tiennent à la surface de l'eau ou sur les bords des mares et des étangs, dans lesquelles elles plongent au moindre bruit. Le mâle est muni de chaque côté du cou de deux membranes qu'il gonfle et d'où l'air s'échappe par la bouche avec un bruit singulier nommé coassement; c'est surtout le matin et le soir qu'il se livre à ce chant peu mélodieux : la femelle, moins bien douée par la nature, n'a pour cri qu'une sorte de grognement sourd qui devient plus aigu lorsqu'on la saisit ou qu'on la pousse du pied.

Pendant l'été ces batraciens se livrent le soir et une partie de la nuit à leur musique monotone, et exécutent un concert assourdissant. Dans les temps reculés où la reine Berthe filait, les nobles châtelains convoquaient leurs vassaux, et les armant de perches leur faisaient battre l'eau des fossés pour faire taire le chant des grenouilles, qui les incommodaient eux et leurs chastes épouses.

Pendant les couches de ces dernières, le battage des fossés était de rigueur : les droits féodaux avaient du bon, je le reconnais, et celui-là devait être bien agréable... pour les voisins. Aujourd'hui les grenouilles profitent de la liberté de la presse sans limites ; elles chantent toujours, mais la même note malheureusement.

Elles fraient au printemps : les femelles pondent de mille à douze cents œufs en forme de globules noirs d'un côté et blancs de l'autre, qu'elles déposent au milieu des herbes du rivage : au bout de quelques jours, l'enveloppe des œufs se rompt et il en sort une espèce de têtard, sorte de grenouille imparfaite, sans membres, mais orné d'une queue lui servant d'aviron pour nager. Peu à peu ses membres se forment et commencent à paraître : au bout de deux ou trois mois, la peau se déchire et laisse voir une grenouille complétement formée, mais conservant encore une queue qui finit par disparaître, ce qui prouverait, malgré l'opinion populaire, que les grenouilles... en ont une. La grenouille a la vie dure; ses membres coupés ont la faculté de repousser.

Elles vivent d'insectes, de larves, de vers et de proies vivantes, mais pendant l'hiver, elles ne mangent pas et s'enfoncent dans la vase.

Comme nous l'avons dit, on distingue deux espèces de grenouilles dont on mange la chair ou plutôt les cuisses : l'une est *la grenouille commune,* au corps verdâtre parsemé de taches brunes, l'autre *la grenouille rousse,* vivant la plus grande partie de l'année dans les prés humides et les lieux boisés, et non pas dans les étangs ou les mares comme la première. Son corps est jaunâtre piqueté de brun et marqué d'une grande tache noire placée entre ses yeux ; ses pattes de devant sont brunes, et le ventre blanc taché de brun : elle ne coasse pas et c'est une précieuse qualité.

On pêche les grenouilles à la ligne amorcée avec des insectes vivants, des mouches, des morceaux de cœur de bœuf, ou tout simplement avec un fragment de drap rouge. Elles sont très voraces et se jettent avec avidité sur les appâts.

On peut encore les prendre la nuit aux flambeaux comme les écrevisses ; en ce moment elles sortent de leurs trous et éblouies par la lumière se laissent prendre à la main. En traînant au fond des ruisseaux d'eaux vives, et pendant les premiers froids, un râteau à longues dents très rapprochées les unes des autres, on fait souvent une ample récolte ; on emploie aussi une trouble emmanchée au bout d'une perche.

Mais le moyen qui, à ce qu'il paraît, réussit le mieux, c'est de mettre une grenouille vivante dans un verre au bord d'un étang : on couvre ce verre d'une pierre assez lourde pour l'empêcher de sortir. La grenouille captive ne tarde pas à coasser; les autres attirées par le bruit arrivent en foule, et alors en employant une trouble, on peut faire une pêche miraculeuse.

Nous terminons par ce chapitre la description de toutes les pêches auxquelles vous pourrez vous livrer le dimanche vous et les vôtres. Pêchez beaucoup et pêchez souvent, mes chers lecteurs, et souvenez-vous bien que si le sage pèche sept fois par jour, vous ne pouvez pêcher qu'une fois par semaine : employez donc bien votre journée du dimanche, et soyez heureux.

TABLE DES MATIÈRES

AVANT-PROPOS. 5
CHAPITRE I. — USTENSILES 11
— § 1. Cannes à pêche. . . . 11
— § 2. Des lignes et de leur fabrication 20
— § 3. Bas de ligne 23
— § 4. Hameçons. 26
— § 5. Plombs, flottes ou bouchons, ustensiles divers 30
CHAPITRE II. — PÊCHE A LA LIGNE. — *Poissons de fond, leur pêche* 35
— § 1. Carpe 37
— § 2. Barbeau. 43
— § 3. Tanche 47
— § 4. Brême 49
— § 5. Gardon 52
— § 6. Goujon 54
— § 7. Véron. 57
— § 8. Bouvière 59
— § 9. Perche. 60

CHAPITRE II (suite) § 10. Perche goujonnière . 63
— § 11. Anguille 64
— § 12. Alose. 67
— § 13. Lotte 68
— § 14. Lamproie. 71
— § 15. Eperlan 73
— § 16. Loche 74
— § 17. Chabot. 76
— § 18. Epinoche. 77
CHAPITRE III. — *Poissons de surface, leur pêche* 83
— § 1. Saumon 83
— § 2. Truite. 90
— § 3. Ombre 103
— § 4. Brochte 104
— § 5. Chevenne 111
— § 6. Vandoise 113
— § 7. Ablette 113
CHAPITRE IV. — Temps favorables pour la pêche. 115
CHAPITRE V. — Préparation des pates d'amorces. 118
CHAPITRE VI. — Pêche a la bouteille . 122
CHAPITRE VII. — Pêche au grelot. 125
CHAPITRE VIII. — Pêche aux écrevisses . . 129
CHAPITRE IX. — Pêche aux grenouilles . 139

DIJON, IMP. J. MARCHAND, RUE BASSANO, 12.

www.ingramcontent.com/pod-product-compliance
Ingram Content Group UK Ltd.
Pitfield, Milton Keynes, MK11 3LW, UK
UKHW021117220726
13924UKWH00004B/1761